潜江凹陷潜北断裂带结构、构造及其成因分析

佘晓宇　著

油气资源与勘探技术教育部重点实验室
非常规油气湖北省协同创新中心　资助

科学出版社

北　京

内 容 简 介

本书针对潜江凹陷潜北断裂带及其上下盘构造几何学、运动学、动力学及其控油作用进行研究,详细分析潜北断裂带上下盘各时期地层沉积展布规律与叠置关系;提出潜北断裂带断裂构造样式主要受主干断层形态和产状,下降盘的塑、脆、刚性性质(盐泥岩层成分、含量)以及凹陷沉降速率、塑性作用与上升盘古构造基底性质决定,总结各段断裂构造样式、类型及其展布规律;在分析两套成盐旋回的基础上,解析盐泥构造,运用平衡剖面理论对构造演化研究进行分析,潜北断裂带经历了两期盆地建造和改造演化阶段,局部构造形成过程分为原型构造和后期盐泥构造形成与改造两个主要阶段;并分析动力学成因机制,提出控油因素,建立成藏模式,提出油气勘探前景评价原则。

本书可供大专院校地矿专业相关教师和学生以及地质勘探类科研人员参考。

图书在版编目(CIP)数据

潜江凹陷潜北断裂带结构、构造及其成因分析/佘晓宇著. —北京:科学出版社,2016.11

ISBN 978-7-03-050499-9

Ⅰ.①潜⋯ Ⅱ.①佘⋯ Ⅲ.①断裂带-构造地质学-研究-潜江 Ⅳ.①P548.263.4

中国版本图书馆 CIP 数据核字(2016)第 267827 号

责任编辑:闫 陶 何 念/责任校对:董艳辉
责任印制:彭 超/封面设计:苏 波

斜 学 出 版 社 出版

北京东黄城根北街 16 号
邮政编码:100717
http://www.sciencep.com

武汉市首壹印务有限公司印刷
科学出版社发行 各地新华书店经销

*

开本:787×1092 1/16
2016 年 11 月第 一 版 印张:12 1/4
2016 年 11 月第一次印刷 字数:290 000
定价:**68.00 元**
(如有印装质量问题,我社负责调换)

前　　言

本书充分利用三维地震资料,部分利用二维地震剖面,结合钻井、测井解释成果,以构造几何学、运动学、动力学理论和平衡剖面技术观点,解析潜北断裂带和上下盘的结构、断裂构造特征、局部构造样式、形成机制及构造演化阶段,并依据钻探成果解剖典型油气藏性质、类型、样式和成因,分析成藏控制因素和油气分布规律,取得了以下主要成果。

本书通过编制构造格架剖面、中新生界断陷基底古构造图,研究潜北断裂及其上下盘的荆门断陷、汉水断陷、乐乡关凸起和潜江凹陷的结构、叠置方式及其与燕山中期挤压-剪切断裂的构造关系。研究表明燕山早期的中扬子区属于陆内挤压造山构造体制,强烈的南北挤压褶皱逆冲推覆,使研究区主体发育三组北西向弧形叠瓦逆冲带和一组北东向左行压扭剪切带,处于大洪山推覆构造的锋带与中带之间,形成研究区北部山-谷古地貌。书中提出中新生界上、下两套不同方向展布断陷"错落"叠置关系,并且受北西向和北东向断裂不同时期构造反转控制;通过构造、断裂图件编制,划分伸展作用、走滑作用、反转作用、塑性作用、岩浆岩作用有关的五类断裂构造类型及18种构造样式,分析各段的断裂构造样式分布规律和形成机制,认为受主干断层形态和产状,地层塑、脆、刚性性质,以及沉降速率、古构造基底性质决定;划分潜北断裂带下降盘各段共计10个局部构造群类型,建立了10个动力学成因模式,认为局部构造群与各段构造的动力学、运动学异同性有关,划分为构造原型形成与塑性运动改造两个主要阶段;认为富含盐泥层段均产生了不同程度的塑性变形,识别出14种盐泥构造样式,总结盐泥核、盐泥上、盐泥边构造类型和盐泥拱→隐刺穿→刺穿形成阶段,归纳了六种盐泥变形动力学机制模式。我们通过编制构造演化剖面和断裂活动表,提出断裂活动"中段强于东段,东段强于西段,荆沙组—潜四段强于其他层段"的总体认识,盐泥构造的主要形成和改造期为荆河镇沉积之后,通过对典型局部构造解剖,提出钟市鼻状构造是不同方向盐泥滑覆→上侵作用的结果;潭口凸起是古残丘→双层盐泥隆拱→上侵构造叠加→剥蚀作用的结果;荆沙红墙则是强烈裂陷下拉牵引→盐泥沿断面上侵使边缘相地层高倾双重作用的结果。

书中通过盐泥变形构造分布、典型油藏解剖和六口钻井地质分析,建立成藏模式图,提出五种不同层次控油因素,即生油凹陷和盐泥变形构造区控制油气分布,与生油中心相交的斜坡上构造脊为油气运移汇聚指向区,盐泥构造脊与有利储集相带共同控制油气富集区,断裂构造类型、与盐泥构造有关的局部构造样式和有利储集相带三者决定油气藏类型,断裂封挡方式、储集层与盐泥构造接触方式等决定对油气封闭效率。由此,划分了三个勘探有利区、四个勘探潜力区、两个勘探远景区,预测了十个不同类型的勘探目标,认为钟市鼻状构造钟107井—钟112井之间地区和潭西盐泥上背斜西翼为最有利的勘探区,预测有利目标圈闭类型断块、与盐泥有关的构造、岩性圈闭及其复合类型。

本书在中石化江汉油田分公司科研项目"潜北断裂带结构构造及其形成机制研究"以及大量文献著作的基础上编写而成。

本书的编写得到了江汉油田分公司各位评审专家的悉心指导,得到了江汉油田分公司领导专家刘云生、张柏桥、郑有恒、张士万、李昌鸿、郭战峰等的支持和帮助,在此致以衷心谢忱。对本书所引用参考文献的作者表示感谢,同时感谢董政、龚晓星、吕鹏、焦立波、邱莹、唐婷婷、冯美娜、丁卯、陈洁、李冬冬等在本书编写过程中编图、清绘、文字编排等大量基础工作做出的重要贡献。

由于时间仓促、笔者水平所限,书中难免存在疏漏之处,敬请读者指正。

佘晓宇

2016 年 11 月

目　录

第 1 章 区域地质背景

江汉盆地是江汉内裂陷带中最大的新生代裂陷盆地,位于湖北省中南部,面积 28 000 km²,是白垩纪至新近纪期间,主要在中扬子台褶带上发育起来的断陷湖盆盆地(图 1.1),盆地内白垩纪至新近纪沉积岩厚度大于 10 km。本次研究区位于潜北凹陷北段的潜北断裂带,总面积为 300 km²。

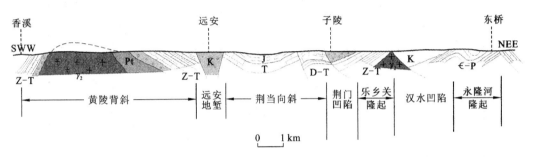

图 1.1　香溪—东桥构造横剖面图(湖北省地质矿产局,1990)

1.1　周缘构造背景

江汉盆地自早震旦世末期的澄江运动形成统一的变质基底以后(任纪舜等,1997),进入了大陆板块内部的构造、沉积发展过程。晚震旦世—中三叠世期间,在南、北陆缘频繁"开与合"的作用下,经历了差异升降及多期海侵和海退的构造、沉积旋回,接受了以稳定沉降为主的浅海碳酸盐岩和广海陆棚碎屑岩沉积,其间又经历了多次短暂隆升成陆,出现多期沉积间断,形成多个地层假整合面。中三叠世末期的印支运动,使全区隆升,海水全部退出,结束了海相沉积历史。侏罗纪燕山早期运动,产生区域性强烈隆升、褶皱、拆离、滑脱推覆等陆内造山运动,使中古生代盆地发生了重大改造,褶皱造山。白垩纪—新近纪,由于受板块体制的影响,构造应力背景发生了剧烈变化,即由前期的北东向挤压应力背景演变为北东向张性应力背景,构造发生了明显反转,盆地开始进入多个拉张断陷-拗陷旋回(陈发景等,2004)。第四纪盆地不均匀抬升形成了现今格局。

1.1.1　研究区位置及基本构造特征

潜北断裂构造带位于江汉盆地潜江凹陷北部边缘,北与荆门凹陷、汉水凹陷及乐乡关隆起、永隆河隆起相邻,南邻蚌湖生油洼陷,东西两侧与岳口低凸起和丫角-新沟低凸起相接(图 1.2)。包括长市、钟市、严河、潭口、代河、渔薪等地区,东西延伸长约 70 km,南北宽 5～7 km,面积约 600 km²(刘云生等,2008)。

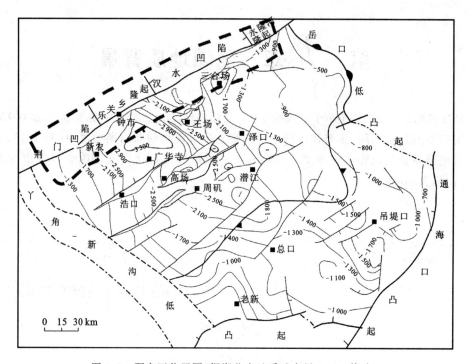

图 1.2　研究区位置图(据湖北省地质矿产局,1990,修改)

　　研究区所在的构造区是位于中扬子东缘,处于秦岭-大别弧形造山带南缘、江南-雪峰弧形构造带北缘(湖北省地质矿产局,1990)。印支末期—燕山早期,江南-雪峰造山带向西北方向扩展,对江汉盆地产生了由南东向北西方向的挤压力,秦岭-大别造山带对江汉盆地产生了由北东向南西方向的挤压力,在研究区形成一系列北北东向、北西向展布的叠瓦冲断片。随着后期南北持续挤压,由于南北主应力方向为斜向,在对冲范围逐渐变小,且南北推覆相互作用,在本区大洪山推覆体前缘南部形成一系列北东向、北北东向压扭断层。燕山晚期,荆门断裂和汉水断裂发生反转成为控制荆门凹陷、汉水凹陷的控盆(拗)断裂(付宜兴等,2008)。研究区内的中古生界叠瓦冲断片可以分为荆门前缘冲断低凸起、荆门后缘断拗、乐乡关前缘冲断凸起、汉水后缘断拗、永隆河-岳口前缘冲断凸起,形成研究区北盘的"两拗两隆"格局(图 1.3,图 1.4)。

1.1.2　构造阶段

1. 中古生界基底演化阶段

　　研究区印支运动以前的构造运动总体表现为差异升降,区域上形成了"大隆大凹"的古构造面。在印支期,中国南、北完成板块拼合后(徐政语等,2004),中国南方包括研究区

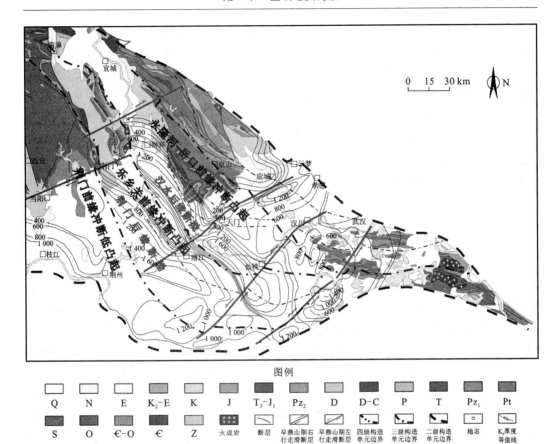

图1.3　江汉平原东部上白垩统构造纲要图

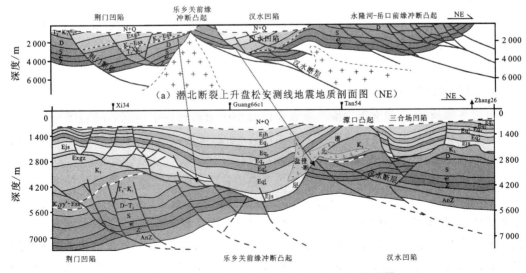

（a）潜北断裂上升盘松安测线地震地质剖面图（NE）

（b）潜北断裂下降盘xplp380—qblp640—dplp1760地震地质剖面图（NE）

图1.4　潜北断裂带上升盘、下降盘构造对比剖面图（NE）

进入了燕山早期陆内造山阶段,可以说燕山早期的构造运动对南方的影响范围之广、构造强度之大是前所未有的,它奠定了南方现今的基本构造格局。研究区自燕山早期开始,进入了一个新的构造演化时期——构造变形、变位时期。燕山早期最显著的构造变动是南部江南-雪峰造山带和北部秦岭-大别山强烈造山带。首先,南北造山带继加里东期、印支期由南往北逐步挤压推进至江南隆起北缘,早燕山期快速隆升并继续向北推进至整个中扬子地区,其产生的强烈挤压,造成板内层间拆离、滑脱、褶皱、断裂。随后,由于太平洋板块活动加剧,扬子板块与华北板块全面碰撞拼合,扬子板块向华北板块之下俯冲(吉让寿等,1995),秦岭-大别造山带全面隆升挤压,在南北对冲挤压影响下,发生强烈变形、变位,褶皱造山,形成了南、北两大(弧形造山带)造山体系。

2. 白垩纪—新近纪构造演化阶段

晚白垩世为伸展环境,控盆断裂多为早期基底卷入挤压断裂后期回滑所致。进入燕山晚期—喜马拉雅早期后,中扬子地区构造应力和格架发生了重大改变,已经具有重大意义的中国东部多旋回的拉张断陷-拗陷伸展构造环境,进入中国东部多旋回的拉张伸展作用阶段。该阶段主体变为全区的拗陷作用,中古生界断块活动(部分拗陷活动)为主要特征。一方面形成了一些新的构造样式,另一方面对先期存在的构造改造,主要变形为早期的挤压(压扭)断裂发生负反转,由逆断层转为正断层,形成中扬子地区特别是江汉盆地内部不同级别的地堑和半地堑,发育了作为江汉盆地陆相勘探目的层系的白垩系和古近系碎屑岩。期间经历了多个构造演化阶段,出现了两个旋回,数十个强烈的玄武岩喷溢活动。王必金等(2006)将江汉盆地白垩纪—新近纪的构造演化划分为五个构造幕,每个构造幕均具有不同的断裂发育特征及沉积沉降中心。

1) 早白垩世

早白垩世,拉张断陷活动强度较弱,仅局限于盆地西部、东部边缘,形成早白垩世局部的沉积空间,盆内大部分地区为前白垩纪古陆,继续遭受剥蚀。其中研究区仍处于剥蚀阶段。

2) 晚白垩世早期

江汉平原地区,几组北西向断裂基底在区域引张力的作用下,强烈断陷,明显控制了晚白垩世沉积,造成断层下降盘前缘地层增厚,向断坡带逐渐减薄,从而形成多个北西向展布的地堑、半地堑断陷;并发育呈北西向展布的荆门、汉水等半地堑式洼陷沉降带。

晚白垩世和始新世时期,研究区逐渐进入造山带垮塌阶段。一方面,经过侏罗纪末期燕山运动强烈挤压褶皱造山后,至白垩纪,研究区地壳处于造山后应力释放阶段,总体处于扩张环境,特别是在造山过程中,受南北向挤压,发育一组北东向、北西向共轭剪节理和近东西向张节理,拉张裂陷形成红层盆地(周祖翼等,2002)。这种盆地多分布于造山带的外缘,区内江汉盆地即是该三组断裂控制形成的。在该研究区发生了近北东东—南西西方向的伸展作用形成北北西向拉张断裂,与前期大洪山弧形构造带北西向主干断层反转切割、改造、复合,在区内形成了汉水断陷和南荆断陷;另一方面,由于前期挤压造山,地壳加厚,随着挤压逆冲作用的减弱,不足以抵抗均衡补偿,地壳发生伸展塌陷使地应力得以平衡。一些基底断裂再次活动,切割沉积盖层,并且在西翼产生断层和滑脱褶皱构造。

3) 晚白垩世晚期

区域性隆升剥蚀,形成了地震 T_{10} 沉积间断面,由于抬升的不均衡性,部分地区产生了一系列阶梯状的张性正断层,应力场发生改变,以北北东向的张性断裂为特征,断裂活动相对较弱,对沉积的控制作用小,产生裂陷或拉伸中心及湖盆(戴少武,2002)。

4) 古新世—渐新世早期

古新世的构造活动方式以继承燕山晚期构造活动为主要特征,古近系与上白垩统之间,普遍以平行不整合(部分整合)接触,说明构造活动较弱。直到始新世中-晚期,北东向、北北东向断裂活动普遍,特别是潜江组沉积时期,潜北断层的强烈活动(生长指数达9.0),前缘形成裂陷或拉伸中心,最大沉积厚度达 4 500 m,因此,古构造格局总体上呈现北陡南缓的特征,并决定了潜江组物源主要来自北部。在潜北断裂活动最剧烈的陡坡带附近发育近岸水下扇和扇三角洲等近源碎屑沉积,盆地大部分地区被半咸水盐湖所覆盖。到渐新世荆河镇组沉积期,由于地壳的持续抬升,只剩下局部地区为孤立的水体接受沉积。

5) 渐新世末期

渐新世末期的喜马拉雅运动,盆地整体抬升遭受剥蚀,结束裂陷盆地发育史。新近系中新统,进入了缓慢的拗陷沉降期,主要沉降中心位于潜北断裂洼陷。

喜马拉雅晚期是滨太平洋构造运动继续发展和喜马拉雅运动强烈活动时期。研究区受喜马拉雅造山远距离效应的影响,表现为沿早期低角度逆冲冲断上断坪薄弱带的构造活动形成由南向北的浅表层脆性逆冲推覆,对前期构造进行了强烈改造,研究区的构造活动以差异升降剥蚀夷平为主要特征,是滨太平洋构造活动与喜马拉雅碰撞造山活动联合影响的结果。

1.1.3　主干断裂系

1. 北西向、北北西向断裂系

这一组断裂主要呈北西向、北北西向展布,为区域性古老断裂,至白垩纪再活动。这些断裂是印支末期—燕山早期南西—北东挤压-剪切走滑环境下,形成的大洪山弧形推覆体成排成带北西向展布叠瓦冲断断层,后在渔洋组—新沟嘴组沉积时期后缘回滑,发生了负反转。这组断裂控制早期凹陷的展布和后期凹陷的构造格局,如汉水断裂、荆门断裂等(图 1.5)。

1) 胡家集—沙洋断裂(汉水断裂)

胡家集—沙洋断裂(汉水断裂)位于乐乡关隆起与汉水凹陷之间,呈北西向从盆地的南部穿过潜北洼陷中部向北延伸于尹家集、胡集、沙洋一线,长达 150 km。断裂面向东倾,倾角约 40°,向上变陡,向深部急剧变缓,呈犁形,断距达 3 000 m。在印支末期—燕山早中

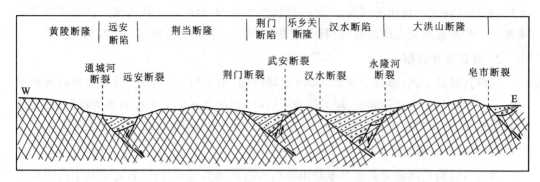

图 1.5　北北西向断裂系统控制的盆-岭结构示意图（湖北省地质矿产局，1990）

期，胡家集—沙洋断裂似具压剪性质，晚白垩世—新近纪时期具同沉积断裂的特点，控制汉水断陷槽地的形成和发展，沉积约 2 000 m 厚的下白垩统—新近系地层，盆地显示西断东超的结构，沉积中心偏向断裂一侧。

2）南漳—荆门断裂带

南漳—荆门断裂带位于当阳复向斜与荆门凹陷之间，呈北北西向，大致沿古生代及三叠纪地层和红层接触延展，是南漳-荆门断陷盆地西侧边缘的控盆断裂，长约 170 km，断面倾向东，向上变陡，向下变缓，呈犁形，断裂带控制荆门凹陷渔洋组—新沟嘴组地层发育。当断裂带发育于古生代地层中时便表现为强烈的挤压，形成宽阔的破碎带，并发育糜棱岩、挤压透镜体、压扭面等，局部见志留系斜冲于石炭系之上，显示左行扭动的压剪性质，断裂带通过古生界与红层时亦形成较宽的破碎带，破碎带表现为古生代地层与白垩系—新近系的角砾混杂分布，具有明显的张性性质。总之该断裂系具有多期复合构造，印支末期—燕山早中期具压剪性质，晚白垩世—新近纪经历断裂拉张陷落的同沉积阶段。

3）远安断裂带

该断裂带发育于江陵凹陷的西北部，呈北西向，长约 70 km，断面朝东，呈犁形控制着其东侧远安凹陷（半地堑）的发育，沿断裂带白垩纪沉积厚度达 2 200 m。断裂经过印支末期—燕山早中期压剪性质，晚白垩世—新近纪经历断裂拉张陷落的同沉积阶段。

总体而言，北西向断裂系，总体呈北西向，剖面结构具有"犁式"特征和"Y"型结构。断裂性质具有多期转化明显，印支末期—燕山早中期为压剪性质。白垩纪—新近纪盆地形成时期具张剪性。断裂对白垩纪—新近纪红色盆地具有控制作用，形成盆-岭组合的伸展构造，盆地具有单向倾斜的箕状盆地特征。

2. 北东向、北北东向断裂系

北东向、北北东向段裂主要活动期为荆沙组—潜江组，特别是潜江组活动最为强烈。燕山早期中扬子南北造山活动强烈，中扬子地区产生了强烈的对冲式挤压作用，形成北部大洪山推覆体和南部江南-雪峰滑脱推覆体两大弧形构造带，南北活动具有分时性和分区性。总体而言，南部形成的时间早，北部略晚；北部挤压变形强烈，南部变形较弱。太平洋板块向北反漂移和俯冲作用,板块俯冲初期应力方向主要南西—北东向,中扬子板块西南部首先发生强烈褶皱变形,形成南西构造线。随着华南板块、华北板块碰撞,东秦岭-大别造山并产生北东—南西向挤压应力,此时南部弧形构造体系已具雏形,因此来自北东向的挤压应力在向前传递过程中,受到了南部弧形构造带的阻挡,在对先成构造进行强烈改造的同时,在大洪山弧形推覆体南部前缘形成了走滑逃逸,即形成一系列北东向、北北东向压扭花状断层,如潜北走滑断层、通海口走滑断层、洪湖-湘阴走滑断层。在工区内北西向地震剖面潜北断裂带北盘中古生界地层均可见花状构造。燕山晚期—喜马拉雅早期,中国东部由挤压应力体系转变为拉张应力体系,江汉盆地处于强烈拉张环境。先期形成的北东向、北北东向的压扭断层,在拉张应力机制下,沿着先期压扭形成的薄弱带,逐渐转换形成一系列北西向正断层。

1) 潜北断裂带

潜北断裂带是江汉盆地内规模最大的断裂带之一,构成区内最大的潜北洼陷北缘陡坡带断裂带。该断裂总体呈北东东向,长约 60 km。平面上断裂相对平直,断面上陡下缓,为一犁形断层,伴生有同向断阶,常形成羽状的断裂组合样式。荆沙组时期开始明显活跃,在潜江沉积期活动最为强烈,生长指数达 9,下降盘的沉积速率为 $500 \sim 700$ m/Ma,构造沉降速率达 $250 \sim 300$ m/Ma。

2) 通海口断裂带

通海口断裂带是北东向走向,断面北倾,上陡下缓,伴有断阶构造和反向调节断裂,形成断阶构造、羽状断裂组合,控制着总口洼陷的发育。该断裂为一现有古老断裂,明显的活动期为荆沙至潜江沉积期,生长系数为 $1.6 \sim 2.0$,下降盘最大沉降速率为 200 m/Ma。古近纪受挤压反转,造成下盘地层遭受较强烈的剥蚀,断裂面上具有明显逆冲现象。

3) 洪湖—湘阴断裂

洪湖—湘阴断裂北东向走向,向南与湖南的湘阴—岳阳断裂相连,控制两湖断拗的东部边界,西部为白垩纪—新近纪强烈沉降区,洪湖南有玄武岩分布。第四纪时期继承性明显,地貌表现为东部丘陵、西部平原,西侧为全新统分布区,东侧为上更新统暴露区。

总之这些北东向、北北东向断裂系,均为印支末期—燕山早期南北两大弧形对冲推覆体一部分,所有形成的压扭性断层,在燕山晚期—喜马拉雅早期拉张的环境下,沿着早期压性断层的薄弱带,下滑形成张性的控盆或控拗的边界。

1.2　白垩纪—新近纪地层特征

燕山晚期—喜马拉雅早期江汉盆地可以分为断陷、拗陷相互转化的两个旋回,相应发育了两套盐系的地层,并在每一个断层阶段的早、中期,都不同程度发育了生油岩系,为盆地的油气勘探奠定了物质基础(图 1.6)(戴世昭,1997)。

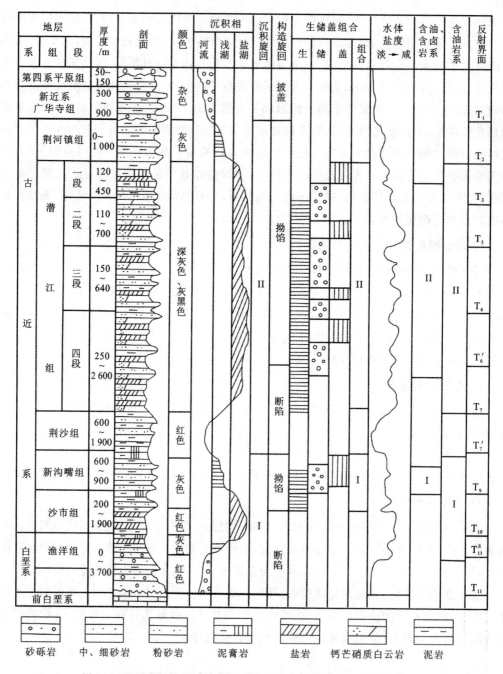

图 1.6　江汉盆地白垩系—新近系地层综合柱状图(周玉琦等,2004)

1.2.1　两套成盐层系

1. 第一套成盐层系

该层序是由晚白垩世—早始新世断陷-拗陷旋回所控制的沉积层序组。该旋回包括渔洋组、沙市组与新沟嘴组,厚度可达 1 300～5 000 m。裂陷活动期在渔洋组沉积晚期至沙市组沉积早期(陈波,2008)。当时在江陵、通海口、安陆与应城地区,都有玄武岩喷发,并在断陷中形成了红色碎屑岩、玄武岩、泥膏岩与石膏及盐岩沉积,暗色泥岩、泥膏岩与盐类沉积向上增多。沙市组晚期至新沟嘴组沉积早期是断陷伸展湖盆水进时期,形成以深灰色泥岩为主的膏泥岩、泥灰岩与粉砂岩的生储油岩系,分布在仙桃、潜江与江陵等拗陷内,厚度可达 700～1 500 m,沉积轴线既有北西向也有北东向展布。新沟嘴组沉积晚期为拗陷沉积,以红色泥岩为主,夹有泥膏岩与砂岩。研究区内代深 1 井揭示,沙市组下段为大套膏岩、沙市组上段—新沟嘴组为泥膏互层、夹砂岩(图 1.7)。

2. 第二套成盐层系

该成盐层系是由中始新世—渐新世断陷-拗陷旋回控制的沉积层序组(陈开远等,2002),包括荆沙组、潜江组与荆河镇组,厚度可达 6～7 km,主要沿北东向边界断裂分布在潜江、小板与江陵的盐卡等断陷带内。该旋回的断陷活动期主要在荆沙组沉积期至潜四段沉积期,有多套玄武岩喷发。断陷带内主要是由 160 多个盐韵律组成的厚达 3～4 km 的盐湖相沉积,其中夹有湖水相对淡化期的白云岩、暗色泥岩与砂岩(潜四段—潜一段);在盐间建造了该盆地最重要的生、储油岩系。该旋回上部的荆河镇组代表了拗陷期的沉积,为灰绿色砂泥岩夹油页岩,岩性变粗,沉积范围进一步缩小。研究区内潭 77 井钻井揭示(图 1.8),潜四下亚段为砂岩、泥岩、膏岩互层,潜三段膏盐层减少,主要是砂泥岩互层、夹膏岩,潜二段膏质成分逐渐增多,主要是膏泥岩、夹砂岩。潜一段—荆河镇组主要为泥岩夹砂岩。

钟 29 井的钻井取心揭示(图 1.9),在潜江组膏泥岩段见到强烈的揉皱变形,为潜江组的大套膏泥互层层系,在构造和压力作用下使其表现为塑性性质,强烈揉皱变形较为普遍,在工区可以形成各种盐-盐泥构造。总体而言,这个时期为物源供给不充分的还原沉积环境。

尽管一般来说膏泥岩沉积的形成需要半封闭-封闭的古地理环境,水流不通畅的古水条件、蒸发量大于淡水补给量的干旱气候或有卤水不断注入等诸多因素的配合,但从江汉古盐湖形成来看,晚白垩世—古近纪的两期裂陷-拗陷旋回与两个成盐旋回具有明显的对应生成关系,特别是其中的第二套成盐层系,属于中亚热带干旱气候带(偏湿-偏干)的潜江组沉积期,但均处于标志裂陷活动开始的玄武岩喷发期后,并沉积于半封闭的断陷带之中,可见断陷期与成盐期的相关关系,明显受控于相对封闭的地理环境与较干旱的古气候条件。

1.2.2　断陷-拗陷旋回与成盐关系

(1)江汉盆地是一个退缩的盐湖盆地。由于受占优势的挤压应力的控制,虽然晚白垩世—古近纪也有两期断陷活动,但是很快向拗陷转化。随着盆地四周山区不断上升,沉

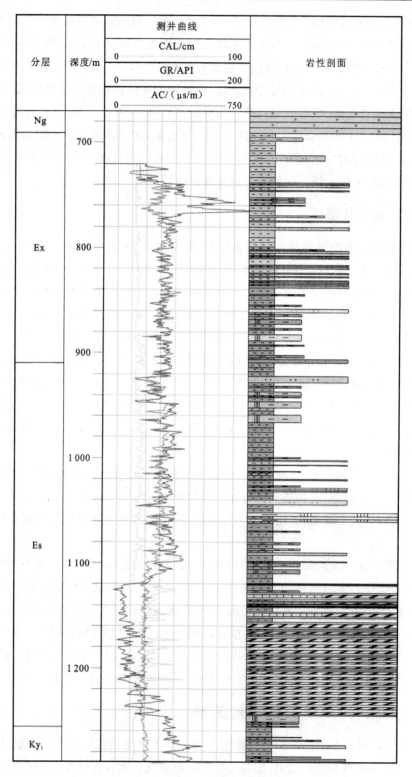

图 1.7　第一套成盐旋回单井柱状图(代深 1 井)

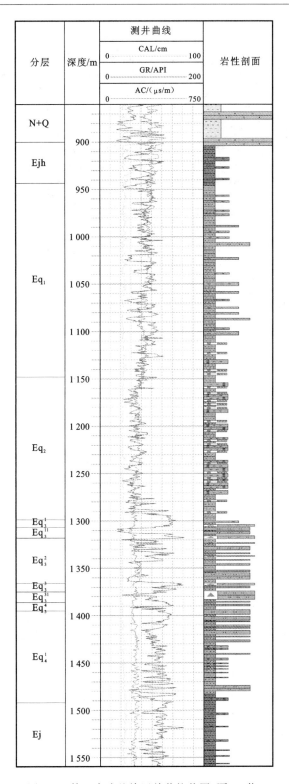

图 1.8　第一套成盐旋回单井柱状图(潭 77 井)

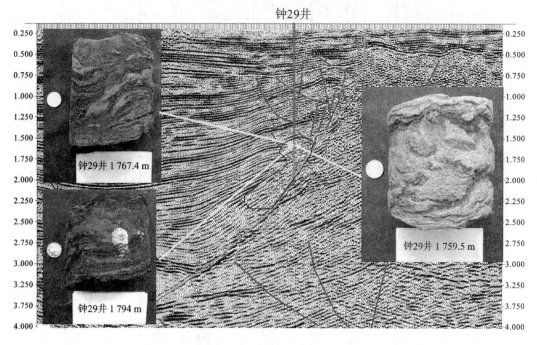

图 1.9　过钟 29 井地震解释剖面及取心照片

积基准面的多次抬升,湖盆沉积面不断缩小。大规模的湖盆退缩,就为湖水咸化与高盐分的卤水向湖盆中心(一般为断陷带的轴部)汇流,形成先决条件(方志雄,2002)。

(2)断陷活动形成易于成盐的半封闭和封闭的古地理环境。断陷活动中,不仅玄武岩喷发物本身,以及断裂沟通中古生界地层内的可溶盐分因水溶液的冷热对流循环可以进入湖盆水体。更重要的是在湖盆中造成了半封闭-封闭的古地理环境,使地表径流不顺畅,湖盆内部的咸淡交替受阻滞,有利于半封闭-封闭断陷带中的水质进一步咸化和浓缩,一旦气候变干旱或淡水补给量减少,形成蒸发量大于淡水补给量的条件。即使当时未必是浅水湖盆,也可以因水中某些达到过饱和状态形成盐的沉淀。

(3)断陷湖盆与干旱-半干旱的气候过渡及湖水咸化交替复合,形成了盐韵律间的生、储油岩系。江汉盆地晚白垩世—古近纪的断陷期正处于干旱-半干旱的气候过渡时期,古气温、半湿润和降水量富于周期性或事件的变化。在这种情况下,当出现干旱气候时,雨量充沛,地表径流发育,使湖水淡化,形成碎屑岩沉积,而很少或没有膏岩的沉积。只有当断陷处于干湿交替气候时,才既有湖盆咸化发育的韵律沉积,又有湖盆相对淡化期的暗色泥岩类夹砂岩段出现盐韵律层中间。因此,江汉盆地新近系最重要的自生自储的含油岩系是"盐间层"的砂泥岩段,正如潜江组韵律层中的所夹的潜三段与潜四段上部的暗色含油层系那样,很少存在"盐下层"——古气候逐渐变干旱,水体逐渐浓缩的环境下形成红色含盐的碎屑岩层含油(表 1.1)。

表 1.1　江汉盆地晚白垩世—古近纪裂陷-拗陷旋回与成盐旋

地层层序	年龄/Ma	裂陷-拗陷旋回	玄武岩喷发	古气候分带	平均温度/℃	年降水量/mm	成岩旋回 旋回	成盐期	岩性组合
荆河镇潜一段	28			北亚热带潮湿气候	14~16	1 500	II		上部为灰绿色砂泥岩互层，下部为灰色砂泥岩夹膏岩层
潜一段—潜四段	42	拗陷-断陷		中亚热带半干旱气候	16~20	300~800	II	2	暗色泥膏岩与盐岩韵律间夹淡化期砂泥岩
荆沙组	50.5		玄武岩喷发	亚热带干旱	16~20	100~200			局部区域顶部为石膏岩层，以红色泥岩夹砂岩为主
新沟嘴组上段		拗陷-裂陷		北亚热带半干旱气偏湿	14~16	300~800			红色泥岩与灰色泥膏岩
新沟嘴组下段—沙市组上段	60.2			中亚热带潮湿 中亚半干旱气候偏湿	16~20 16~20	1 500 300~800	I		深灰色泥岩间夹红色泥岩，泥膏岩与粉砂岩
沙市组下段—渔洋组	65		玄武岩喷发	中亚热带干旱	16~20	100~200		1	上部为石膏盐岩与泥岩互层，下部为红色泥岩、泥膏岩夹砂岩

　　（4）经过两个断陷-拗陷旋回，潜江凹陷成为拗陷与沉积退缩的中心。特别是受逐渐增强的挤压拗陷的控制，江汉盆地周围的山系或隆起逐渐升起，沉积逐渐向沉积中心潜江凹陷退缩，同时由于淡水补给条件不充分，具有周期性，发育大套的含盐沉积，因此还在该凹陷蚌湖一带形成潜江组的沉降中心与沉积中心。

第 2 章　构造格架与断裂构造变形样式

　　构造格架是指沉积盆地基底和盆内各种构造形迹的性质及其配置样式。它随盆地的演化而不断变化,并反映出区域构造、盆地构造应力场及先存基底构造等控制,控制着盆地的地层格架和充填样式。在盆地研究中,人们早已认识到同沉积断裂与沉积作用密切相关,可造成地层厚度的突变,甚至是沉积中心的变迁(林畅松等,2000)。同沉积断裂活动及组合样式对沉积体系域及沉积相带的展布具有重要的制约作用。因此,阐明盆地的构造格架与构造活动,是深入分析构造对沉积控制的基础(林畅松等,2005)。

　　研究区潜北断裂带及其上、下盘先后经历了多阶段、多期次的构造演化过程,导致多个构造层和展布方向不同的构造带的发育,形成了复杂的构造格架和地质结构样式。总体表现为多个具有不同构造形态构造层的叠加与复合。此次通过对北西—北东向网格状地震-地质大剖面的综合解释、主要构造界面等综合研究分析,重新阐述各构造单元及主要断裂系的几何学特征及其组合分布,揭示多期构造作用形成的复杂构造格架和构造变形特征。

　　潜北断裂上升盘为燕山早、中期大洪山推覆体锋带与中带叠瓦逆冲带,强烈的南北挤压褶皱逆冲推覆,使研究区主体发育三组北西向弧形叠瓦逆冲带和一组北东向左行压扭剪切带,形成了研究区北部山-谷古地貌。燕山晚期地质应力反转,伸展回滑随即产生汉水和荆门两大控盆断裂带,次级断层以顺向断层为主。燕山晚期—喜马拉雅早期在岩浆活动和断裂回滑双重作用下,导致荆门、汉水断陷经历了左旋掀斜,后经剥蚀改造,断裂于渔洋组上段产生,沙市组强烈活动,荆沙组下段基本结束,形成了汉水、荆门后缘断拗,并具有"箕"状断陷结构的基本特征,总体形成"两凸两凹"的构造格局(图 2.1、图 2.2)。

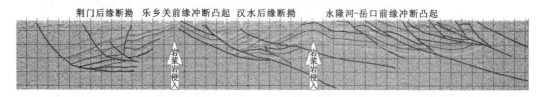

图 2.1　松安(部分)地震解释剖面(北东向)

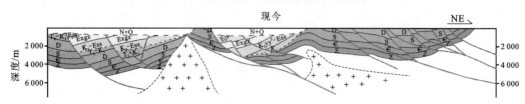

图 2.2　松安(部分)地震地质解释剖面(北东向)

　　潜北断裂下降盘总体为一受北东向潜北大断裂及通海口大断裂所夹持的双断型箕状凹陷,为喜马拉雅早期北西—南东向引张-拉伸环境下形成的由潜北断层控制的北东向断拗盆地。北以潜北断层为界分别与荆门凹陷、乐乡关隆起、汉水凹陷、永隆河隆起相接;东北与岳口低凸起相邻;西南则以斜坡形式过渡至丫角-新沟低凸起。在潜北断层下降盘现今构造总体上表现为"两凹、两凸、两斜坡"的基本构造格局,各层段构造格局具有明显的继承性(图 2.3)。

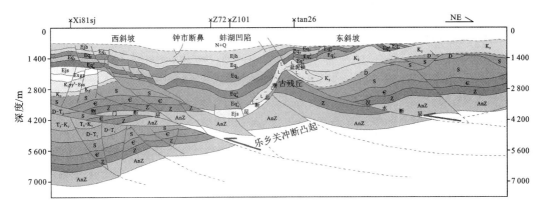

图 2.3　qblp720—dplp1920 地震地质解释剖面(北东向)

　　研究区下降盘基底结构主要由北东倾向的两组叠瓦冲断带构成,乐乡关冲断凸起为后期沉降所改造,潭口凸起基底为冲断带剥蚀古残丘;荆门、汉水 K_2-E 断陷为荆门断裂带和汉水断裂带所控制的断陷盆地,分布较上升盘广;下降盘荆沙组和潜四下亚段为乐乡关古残丘分割型凹陷;潜四上亚段—荆河镇组总体为相对完整的凹陷,后由于强烈盐、泥拱剥蚀改造,再次分割成两个凹陷。剖面揭示,潭口凸起为古残丘与盐泥隆复合构造,钟市断鼻为滑脱型盐泥滚构造与北东向盐泥沿潜北断层上侵共同作用的结果(图 2.3~图 2.5)。

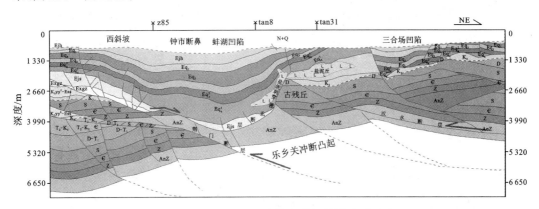

图 2.4　qb680—dp1840 地震地质解释剖面(北东向)

　　潜北断裂系是江汉盆地潜江富烃凹陷北部的控凹断裂,为紧邻蚌湖最有利生油凹陷,其特殊的构造位置和油气勘探前景使其成为油气勘探和基础研究的热点地区。潜北断裂

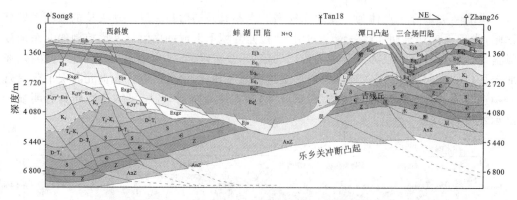

图 2.5　3lp—xi24—zhang26 地震地质解释剖面(北东向)

是潜江凹陷内规模最大的断裂带之一,为潜江凹陷北缘的大断裂,构成区内最大的潜江北缘陡坡断裂带。该断裂总体呈北东向,长约 70 km。平面上潜北断层总体平直,但断层附近分支断层及伴生断层复杂,断面形态多变,倾角变化不一,随之展现的构造样式在不同的区域上各有特点,后面将着重介绍。地震剖面上潜北断层断面上陡下缓,为一犁形的深大断裂,尤其在工区中段,其下降盘潜江组地层明显厚于上升盘及东、西两段地层,特别是在潜四下亚段地层沉积期活动最为剧烈,生长系数达 9 以上(图 2.6)。

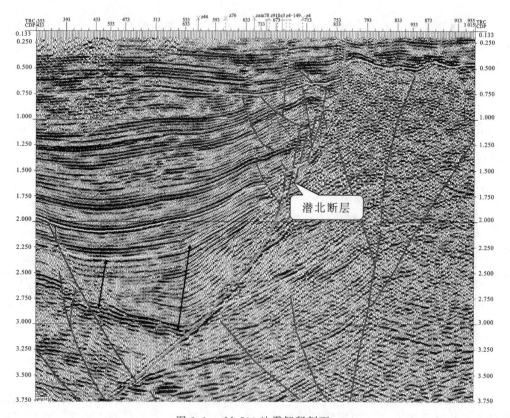

图 2.6　qblp500 地震解释剖面

此外,在时空分布上潜北断层在西、中、东段呈现不同的展布规律。地震资料及测井资料显示其上升盘和下降盘地层具有多个沉积旋回。在断裂的东西两侧分别伴生有同向断阶或反向调节断阶,形成规模形态不一的断裂组合,不同断裂组合之间,发育三级到四级调节断层,构造样式多种多样。地震剖面上可见,伸展构造样式、挤压构造样式、反转构造样式、扭动构造样式、重力与热力型构造样式,其五大构造类型所包含的构造样式在工区具有明显的分区、分段展布特点。

2.1　断裂构造结构及其构造格架

2.1.1　构造层的划分

构造层是地壳发展过程中,在一定构造发展阶段中形成的岩层组合。各构造层之间的分界通常表现为明显的间断、区域不整合和构造格局的根本性改变(李思田等,2010)。不同构造层是同一地区不同构造发展时期的不同方式、不同程度构造变形的产物,因而表现出构造层在变质、变形强度和构造样式上都有明显的不同。构造层的划分主要根据地层的岩石组合特征、沉积充填序列、不整合和磨拉石建造及构造变形特征三个主要方面进行研究分析(李思田等,1992)。构造旋回又称造山旋回或褶皱旋回,它涉及与地壳大构造形态和总地壳运动所形成的各类岩石,是在地史上多次出现的、长短不一的时间段落之一,通常以角度不整合确立其旋回性,并以旋回的最后一次构造运动命名。一个构造旋回中,由于地壳运动性质的不同,往往可划分为若干构造幕,一个构造幕即是一次构造运动。构造运动在其波及区域所遗留之陈迹,如地层不整合、沉积间断等,是现代地层学中不整合界限地层单位划分的唯一根据,也是岩石地层单位划分的依据之一,因而确立构造运动名称、时限、构造旋回和构造层划分等,对研究地壳构造演化历史具有重要意义。

研究区根据地震解释资料、钻井岩心和测井等,运用构造层序地层学的思路和方法,来划分构造层。比如利用构造层与上下构造层的不整合关系在地震剖面上的响应划分构造层。地震层序是在地震剖面上鉴别出来的一种沉积层序,是地震剖面上一套相对整齐的反射层段,作为成因上有联系的一套地层来解释。这套反射在其顶底以反射终止现象为标志的不连续面为界,并把这个不连续面解释为不整合面或者可以与其对比的整合面,对所划分的构造层、亚构造层、主要岩石组合特征,以及变质、变形作用,岩浆活动、地壳运动性质和古地理格局的形成等地质事件作较系统地论述和探讨。

本研究区块总体划分为三套构造层:新近系构造层、中构造层、基底构造层,其中中构造层根据地震反射特征及断拗与成盐旋回又划分为白垩系—荆沙组上段、荆沙组上段—荆河镇组两个亚构造层段(图 2.7、图 2.8)。

1. 新近系构造层

新近系构造层主要由新近系广华寺组至第四系地层构成。潜北断裂带下降盘晚渐新世为挤压拗陷和构造回返期的沉积,对应生成以推进型三角洲为主的巨层序,随后抬升剥蚀形成区域性剥蚀界面。新近系底与下伏地层的不整合,也是超出盆地范围的区域性的

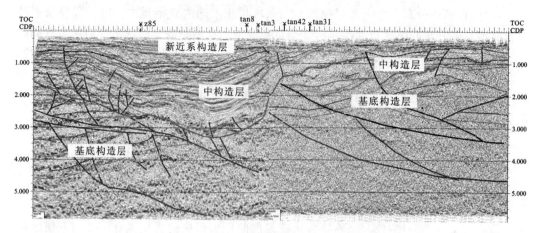

图 2.7　qblp680—dplp1840 地震解释剖面(北东向)构造层划分图

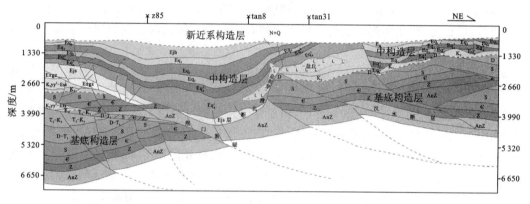

图 2.8　qblp680—dplp1840 地震地质解释剖面(北东向)构造层划分图

大型角度不整合面。新近系广华寺组底部为一套砾石层,下伏地层在不同地区分别为古近系、白垩系、中古生界的地层(图 2.9、图 2.10)。由于不整合界面上下地层岩性波阻抗的差异较大,在地震剖面上反射层(T_1)一般表现为 1~2 个相位的中频、连续性好的一组产状近于水平,中-强反射波波组,该波组与下伏地震反射表现为较明显的角度不整合(图 2.9、图 2.10)。层序界面多为区域性不整合界面,从地震反射剖面上比较容易识别(图2.3~图 2.5、图 2.11)。新近纪的发育演化基本上与古近纪相同,盆地为陆内裂谷后期的拗陷型沉积盆地,地壳较前期虽有所上升,但其沉降幅度仍然很大,为一套湖相碎屑岩沉积,大面积覆盖于古近纪地层之上。

2. 中构造层

该构造层主体由白垩系—荆河镇组构成,为研究区主要的目的层段。燕山运动中期结束了前白垩系基底的建造形成阶段,由强烈的挤压构造环境,进入了基底的改造和后期的拉伸断陷发育阶段,并形成了超出凹陷范围的第一个区域不整合。在地震剖面上表现

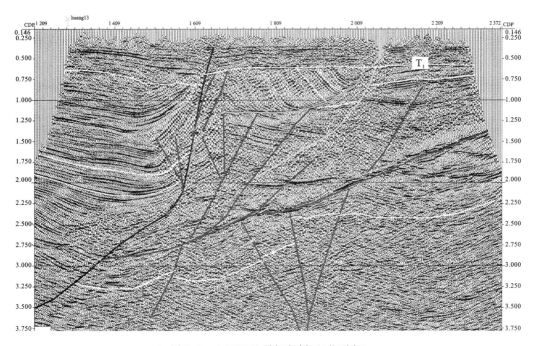

图 2.9　tk1117 地震解释剖面（北西向）

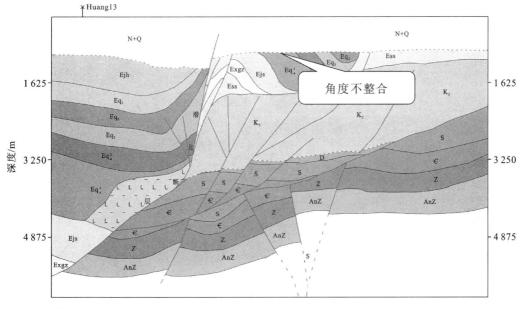

图 2.10　tk1117 地震地质解释剖面（北西向）

为 T_{11} 反射界面,中-强振幅反射,连续性为中-差,中-低频,局部可见回转波,界面上的上超关系与界面下的削截关系十分普遍,从洼陷与隆起的过渡带上,角度不整合明显,区域上易于对比追踪(图 2.12)。

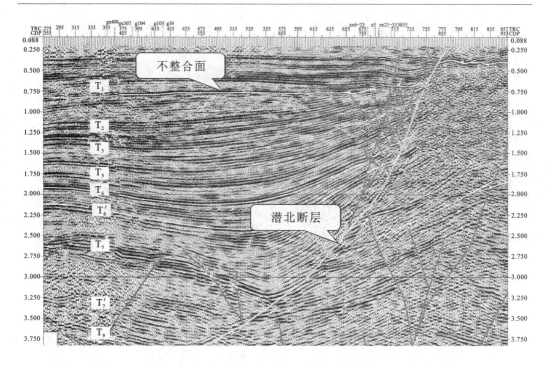

图 2.11　qblp540 地震解释剖面（北西向）

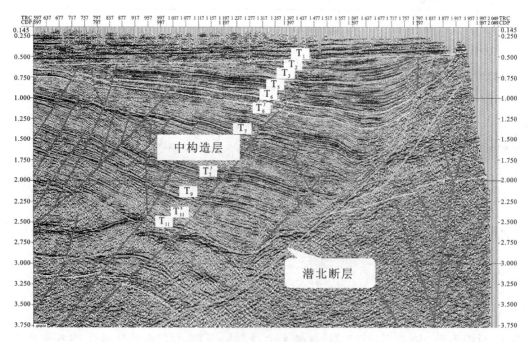

图 2.12　dplp520 地震解释剖面

　　潜北断裂下降盘是在燕山末期—喜马拉雅早期北西—南东向拉张作用下,形成北东向剪切带的基础上形成的,由潜北断裂带控制,其沉积沉降中心为乐乡关隆起带在南盘的延伸区,表明为上下断拗层正负向构造反向叠置的关系。此构造层总体表现为两套亚构造层。整体表现为两大亚构造层、两红两灰地层,第一套断拗沉积旋回为白垩系—荆沙组下段,为第一亚构造层;第二套断拗沉积旋回为荆沙组上段—荆河镇组,为第二亚构造层。

　　第一成盐旋回为红色渔洋组—灰色新沟嘴组地层。由于断陷活动形成了易于成盐的半封闭和封闭的古地理环境,在断裂沟通的作用下,不仅使下伏地层内的可溶盐分因水溶液的冷热对流循环可以进入湖盆水体,更重要的是封闭-半封闭的古地理环境,使地表径流不畅,湖盆内部的咸淡交替受阻滞,有利于半封闭-封闭断陷带中的水介质进一步咸化和浓缩,一旦气候变干旱或淡水补给量减少,形成蒸发量大于淡水补给量的条件,即便当时未必是浅水环境也可以因水中某些盐类达到饱和状态而形成盐的沉淀。第二成盐旋回为红色荆沙组—灰色荆河镇组地层。在荆沙组断陷沉降期强烈活动的北东向潜北断裂,切割了早期北西向的古构造格局,潜北断裂下降盘是盆地中基底埋藏最深、沉降速度最快的凹陷,潜江组沉积时期在乐乡关隆起前缘形成了潜北断裂下降盘最大的沉降、沉积及汇水中心,是在干湿频繁交替的古气候条件下,在高盐度、强蒸发、还原-强还原水体中,由北部单向碎屑物源及凹陷周缘卤水和盐源补给形成的盐系沉积地层,也是盆地的浓缩及成盐中心。由于当时气候十分干燥、水体蒸发快使湖水不断浓缩咸化,沉积了一套厚达 2 200 m 的盐岩、含膏泥岩、泥岩和碳酸盐岩等组成的含盐层系,为盐构造的形成提供了物质基础。

　　剖面揭示,第一亚构造层断裂于渔洋组产生,沙市组强烈活动,荆沙组下段基本结束。白垩系至新沟嘴组地层厚度总体由潜北断裂带中段向西、东两段逐渐增厚(图 2.13、图 2.14),为受燕山早中期大洪山弧形推覆带基底面控制,基本表现为潜北断裂带北盘的特点,说明第一套亚构造层断拗旋回时期仍然受先期古构造格局的影响,受潜北断层影响较弱,主要受荆门、汉水两大同沉积断层控制,是一种继承古生界沉积的北西向延展的古构造格局(图 2.15)。第二套亚构造层中,尤其为潜江组地层横向上总体表现为北厚南薄、中间厚东西两侧薄的展布特征(图 2.13、图 2.14)。纵向上地震反射特征显示荆沙组为两套断拗旋回的过渡层,潜四下亚段沉积初期,潜北断层中段强烈活动,潜四下亚段在潜北断层前缘明显增厚,成楔状,明显地控制了该段的沉积(图 2.16)。潜北断层由此进入了剧烈的断陷期。整体上潜江组地层呈现出中间低东西斜坡高、北部低南部高的古构造格局(图 2.17)。从潜北断层对沉积的控制作用上来看,地震反射特征显示不同部位潜北断层对沉积控制作用不同,造就不同段沉积厚度有差距,潜北断层东、西段对潜江组地层的控制作用明显弱于中段,潜北断层在乐乡关隆起表现为非常明显的同沉积断层,这在潜四下亚段表现得尤为明显(图 2.16)。总体而言,对于中构造层,中段沉积厚度大于东西两段。这也表明潜北断层在潜江组沉积时并不是一完整断层,而是一分段式的断层。总体来讲,潜北断层不同段活动先后、活动强度、断层落差及性质均有所不同,各段结构构造特征既有一定的联系又具有各自的特点,断裂构造样式各异,不同段又具有相对独立的特点。

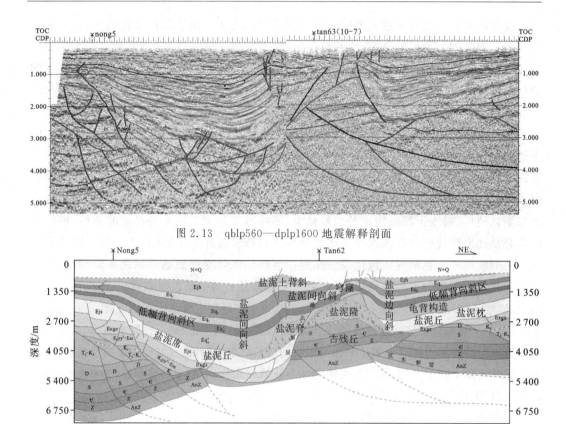

图 2.13 qblp560—dplp1600 地震解释剖面

图 2.14 qblp560—dplp1600 地震地质解释剖面

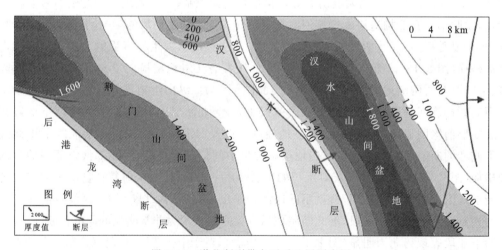

图 2.15 潜北断裂带白垩系地层厚度图

3. 基底构造层

此构造层主体由古生代—前白垩系地层构成。断裂带中古生界经历了燕山早中期、

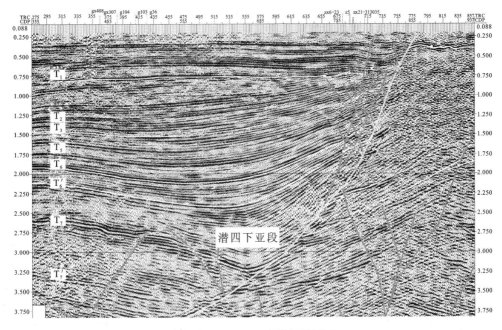

图 2.16　qblp540 地震解释剖面

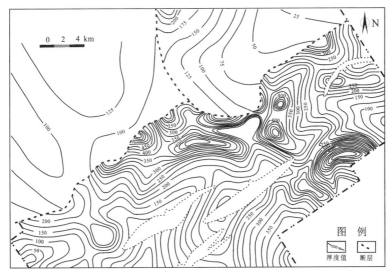

图 2.17　潜北断裂带潜四下亚段地层厚度图

燕山晚期—喜马拉雅早中期等多期构造运动的叠加和改造,构造变形强烈而复杂,其中早燕山运动在区内表现强烈,是控制中古生界构造形成的主要构造运动。剖面上,海陆相沉积旋回及相应构造体制的转换使该构造层形成了具有以下部逆冲、上部断块为特点的双层结构,表现出上下构造的不协调。特别是燕山早中期大洪山推覆体中带和锋带遭受剥蚀后,在燕山晚期荆门断层和汉水断层回滑的基础上沉积的白垩系地层与下伏基底构造层呈现出明显的不整合现象,为中构造层提供了继承性沉积的古地理环境。

2.1.2 构造层之间关系展布规律

整体来讲,研究区三套构造层的生成与发展主要经历了燕山早中期、燕山晚期和喜马拉雅期等多期构造变形、改造、转换与叠加,纵、横向上在一定的应力、边界和介质条件下形成多种构造样式。在不同的动力学背景的影响下,各构造层在纵向上具有多层结构叠加,构造层之间既相互联系,又具有各自的沉积与展布特点(解习农等,1996)。总体来讲,潜北断裂上下盘是叠加在燕山早中期挤压逆冲构造带之上的燕山晚期—喜马拉雅期伸展裂陷盆地。纵向上具有海相-海陆过渡相挤压变形(Z-J)和陆相伸展裂陷(K-N)的沉积盖层组合,其中燕山中期强烈的冲断、褶皱和隆升剥蚀作用,对潜北断裂带基底构造层进行了剥蚀改造,使下伏基底构造层与上覆中构造层间呈现明显的不整合叠置接触现象。喜马拉雅运动二幕和喜马拉雅中期运动对上白垩统—古近系盖层的改造和剥蚀,及其对前白垩系的进一步剥蚀也在很大程度上影响了上覆披盖的新近系构造层的展布规律。

此外,古构造面貌、物源、气候、沉积环境等都是控制潜北断裂带下降盘沉积充填的主要控制因素,下降盘各种沉积体系的发育和展布与先期的古构造面貌有很大的关系。特别是中构造层的沉积体系和时空展布受早期也就是下伏基底构造层古地形、断裂构造及早期物源、气候等的控制,同时这些控制因素也是中构造层沉积时古地貌形态的反映,并且上覆构造层的生长与发育显示出了一定的继承性。

1. 基底构造层

从平面来看,潜北断裂带基底构造层主控断裂为北西向、北北西向展布,荆门断层与汉水断层早期在燕山早中期挤压-压扭作用下,形成海相中古生界北西向逆冲断裂带,为先期燕山早中期复杂的基底先存断裂体系。受自秦岭方向北东—南西向挤压应力作用,纵向上断裂带基底构造层主要产生北西向的褶皱及逆冲推覆构造,发育了一系列的北西向逆掩断层。断面倾向北东,变形强度由大洪山推覆体中带向锋带逐渐减弱(图 2.18、图 2.19)。印支末期—燕山早期的南北挤压-剪切走滑构造对后期中构造层(K_2-E)盐湖断拗层系的发育产生重要的控制作用。

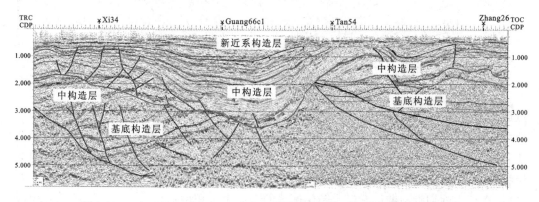

图 2.18 xplp380—qblp640—dplp1760 地震解释剖面(北东向)构造层划分图

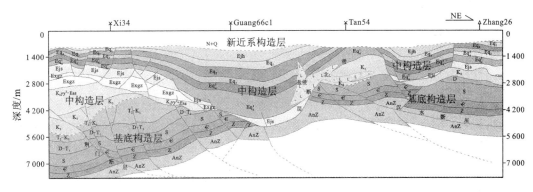

图 2.19　xplp380—qblp640—dplp1760 地震地质解释剖面(北东向)构造层划分图

2. 中构造层:总体发育两套沉积与成盐旋回层系

第一亚构造层(白垩系—荆沙组下段)平面上沉积沉降中心为北西向展布,地层厚度横向上自潜北断裂带中段向西、东部逐渐增厚,为基底构造层的后期继承性沉积发育阶段,沉积展布形态受控于基底构造层的古地理形态。为燕山晚期大洪山弧形推覆体后缘回滑形成的山间白垩系—新沟嘴组盆地断拗。纵向上潜北断裂下降盘渔洋组—新沟嘴组下段沉积时期,整体基本表现为北盘的特点,为东、西两个断陷,由乐乡关隆起向东南延伸带分割,荆沙组上段及其以上地层连为一体,在凸起区及其坡折产生盐构造并刺穿(图2.20、图 2.21)。

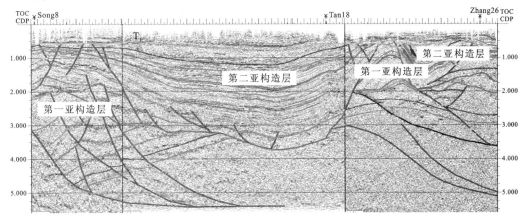

图 2.20　31p—xi24—zhang26 地震解释剖面构造层划分图

第二亚构造层(荆沙组上段—荆河镇组)地震剖面反射特征显示,潜北断裂带在中段沉积地层较厚,尤其在潜四下亚段早期呈现出明显的断陷沉积特征,在潜北断层附近潜四下亚段地层明显增厚(图 2.16、图 2.17),横向上潜江组地层向潜北断层西、东两段逐渐减薄(图 2.22、图 2.23),纵向上由下至上其规模和闭合幅度均逐渐减小,直至最终萎缩消亡。地震反射剖面显示出潜北断层在潜江组沉积时期,中部活动剧烈,东西两段相对平稳过渡的特点。潜北断层活动具有分期、分段的特点。受潜北断层影响,潜江组地层沉积沿

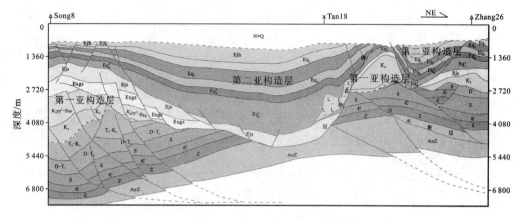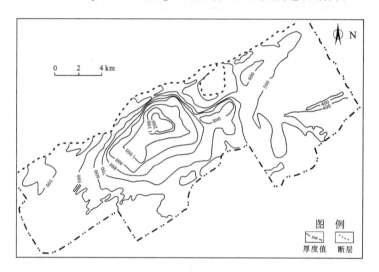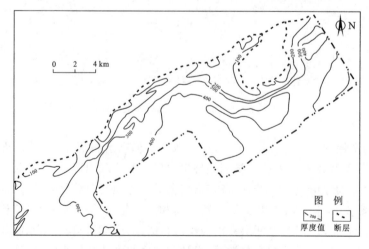

图 2.21　3lp—xi24—zhang26 地震地质解释剖面构造层划分图

图 2.22　潜四上亚段—潜三段残余真厚度图

图 2.23　潜二段、潜一段残余真厚度图

潜北断裂带展布,最大沉降带为北东向。纵向上,断层在荆河镇组至潜三段、荆沙组至新沟嘴组分布较多,这种纵向分布规律多与各层段岩性有关,邻潜北断裂带下盘渔洋组上段—沙市组、潜四下亚段为大套盐岩层,为软弱层段,断裂延展到该软弱层段时应力很容易释放甚至抵消至盐泥层段中。而其他层段地层相对来说具有"脆性",因此很容易断裂产生断层(图 2.24、图 2.25)。

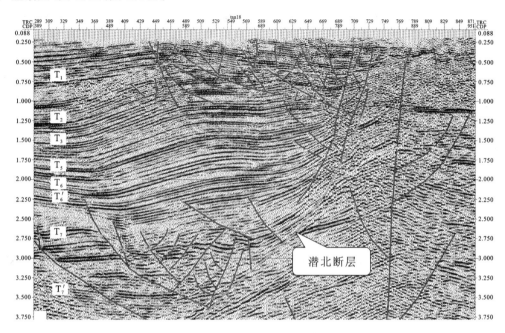

图 2.24　qblp660 地震解释剖面

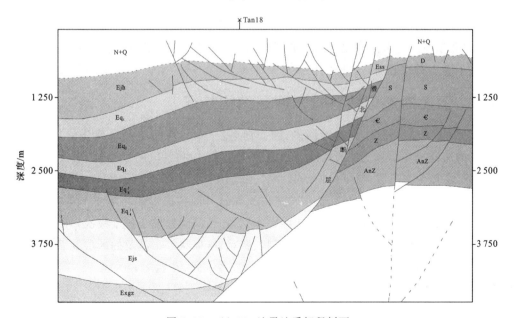

图 2.25　qblp660 地震地质解释剖面

　　总体来讲,中构造层的上、下两期断拗为不协调叠置关系,上断拗盆地沉降中心位于乐乡关前缘冲断凸起,表现为第二套亚构造层沉积时期构造反转(图2.21)。

3. 新近系构造层

　　喜马拉雅中期,区域挤压抬升受剥蚀,中构造层顶部遭受剥蚀出现了区域不整合面,在地震剖面上为 T_1 反射界面,连续性好波组特征稳定,能在潜北断裂带附近上下盘范围内追踪对比,上覆披盖的新近系构造层与中构造层一般呈微角度或平行不整合接触关系,沉积地层较为平缓(图2.21)。潭口地区该期不整合剥蚀层位较多,为下伏两套盐岩层盐泥塑性流动上拱造成的局部剥蚀与区域抬升剥蚀共同作用的结果,剖面显示上覆新近系构造层与中构造层在潭口地区为一明显的角度不整合接触关系。

　　总体上讲,三套构造层的发育经历了多阶段、多次转换变革的演化史,同时导致了三套构造层及构造带的展布方向与方位上既有区别又有联系。现今的构造格架样式是多期构造叠加的结果。燕山早中期北西向与燕山晚期—喜马拉雅早中期北东—北北东变形构造多期次、多性质的叠置交织,形成立交桥式镶嵌的构造格架样式。从现今的宏观构造格局上讲,基底构造层及中部的第一亚构造层(白垩系—荆沙组下段)北西向的断陷带(汉水凹陷、荆门凹陷)与隆起带(乐乡关隆起、永隆河隆起)相间排列,形成"两凸两凹"格局。并具有继承性发育的特点(图2.15)。中构造层荆沙组上段—荆河镇组亚构造层最大沉降带为北东向展布。平面上西段至东段多个北东向或北西向的背斜或鼻状构造,段间、段内构造样式既相似又各具独特的特点;从构造演化史上讲,基底构造层、中构造层白垩系—荆沙组下段沉积层总体呈北西向展布,荆沙组上段—荆河镇组为北东向的断陷构造带。各构造层之间,前期构造受后期构造的改造,后期构造的变形又受到前期构造的制约,剖面上,由下至上错落叠置;从主要断裂带的分布上来看,潜北断裂带内的主要断裂系为北东向或北北东向。北东向或北北东向的断裂系与燕山早中期北西向的断陷、断隆带相交切,形成了潜北断裂带别具一格的构造格架样式。

2.1.3　潜北断裂带西、中、东断裂结构特征

　　潜北断裂带结构复杂,分支断层多、断面形态复杂,各段断层倾角变化悬殊,断距不一,断裂构造样式复杂多变。根据潜北断裂上、下盘结构和各段断裂类型、展布、产状、断距等参数,总体分为三段,与丫角低凸起、荆门凹陷、乐乡关隆起、汉水凹陷、永隆河隆起古构造具有相对应关系,北西向正、负古构造单元导致其间各段形成与演化产生差别,加之盐泥塑性作用改造,造成断裂构造样式存在差别,并且其间形成了各个级次不同时期形成的断裂转换带。断面几何形态主要有平直状、铲状、座椅状等。涉及的断层剖面组合类型以顺向断阶、反向断阶、地堑、地垒、Y式、马尾式、多字式、花状等较为常见。断层平面组合类型主要为侧列式、放射状、帚状-品型、网格式、斜列式等(图2.26)。

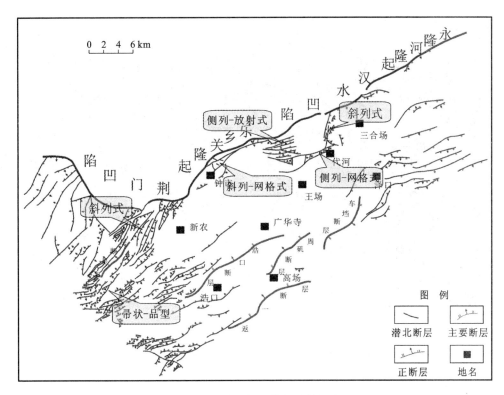

图 2.26　潜北断裂带断裂分布图

1）西段

断裂体系较为复杂，平面上以数条分枝断层同向侧列或是斜列，向西南方向延展（图 2.26），帚状-品型亦较多见。剖面上伸展裂陷作用下，断块旋转下掉并形成与主断层同向或反向断阶，各断层间断面近于平行（图 2.27、图 2.28）。潜北断层上升盘地层在强烈的正牵引作用下下倾拉伸。剖面显示，荆河镇组沉积时期，潜北断层向西逐渐消失，向西表现为由南倾顺向断阶转变为南、北倾的垒堑式结构。总体表现为以北西倾反向 Y 型断裂组成，也是主控断层，南部为顺向断阶，潜北断层已弱化为 K_2-$Exgz$ 层系脊式断裂样式，断裂带倾向已完全由北西倾向断层占主导（图 2.29、图 2.30）。

2）中段

平面上以数条分枝断层同向侧列、斜列、对向侧列或是网格状，向西南方向延展（图 2.26），主断层走向类似"S"状延展，以其拐弯处为界再细分为中西段和中东段。剖面显示，西、中段过渡带由深至浅由老到新产生同向调节断层，收敛于主干断层，剖面上形成"马尾式"结构也较为常见（图 2.31、图 2.32）。由单一潜北主断层所控制而形成的高陡构造带，剖面上断面形态上陡下缓，具有单条犁形深大断裂的特点（图 2.31、图 2.33）。

中西段断裂体系相对比较简单，在中段断层前缘，中西段潜四下亚段地层表现为明显

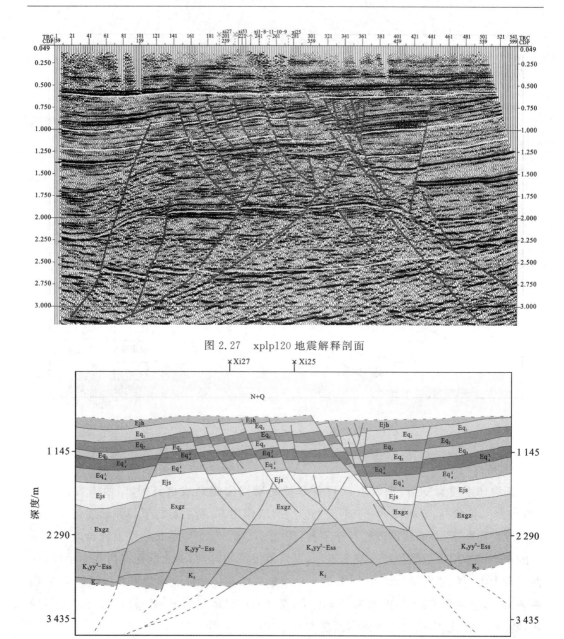

图 2.27　xplp120 地震解释剖面

图 2.28　xplp120 地震地质解释剖面

的"楔状"外形,而中西段其余潜江组地层向断层处均抬升,层厚没有十分明显的变化,这表明潜北断层在潜四下亚段沉积时明显地控制了地层的沉积,出现了断陷沉积的特点,显现出了同沉积断层的作用。荆沙组早期及之前,北部荆门凹陷与南部潜江凹陷在坡折过渡的基础上形成了潜北断裂,剖面上可见以其为主的顺向断阶和马尾状断层,进而形成次级断层构成 Y 型构造样式。其中,远离潜北主干断层下降盘塑性增强,断裂较少发育

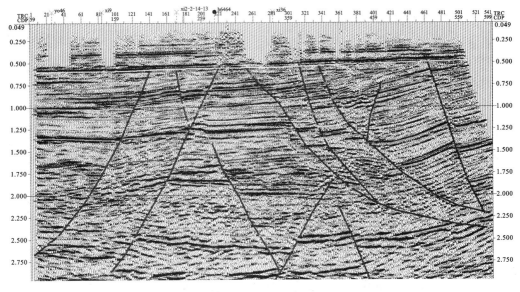

图 2.29　xplp160 地震解释剖面

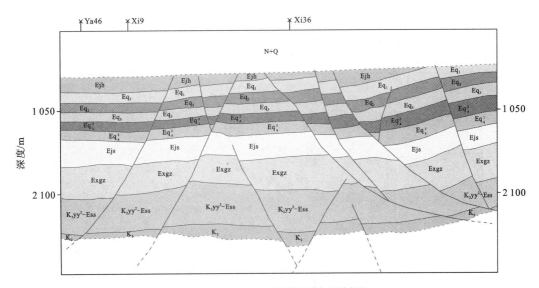

图 2.30　xplp160 地震地质解释剖面

（图 2.33、图 2.34）。

　　中东段断裂体系相对较复杂一些,地震剖面显示潜北断裂带上盘显现走滑断裂系统,潜江组沉积时期,在伸展-裂陷作用下,紧邻潜北断裂带下降盘受乐乡关隆起近物源供给的影响,潜江组表现为相对脆性性质,因此下滑牵引作用导致次生断裂发育。钟市铲式主断层,纵向上由深至浅、由老至新,产生了同向调节断层,并向主干断层收敛,进一步产生次级断层,形成了复杂的马尾及 Y 式组合样式(图 2.6、图 2.35)。

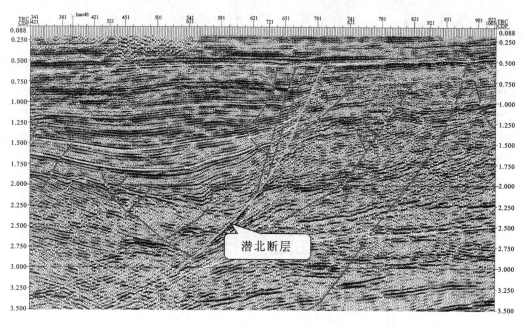

图 2.31　qblp380 地震解释剖面

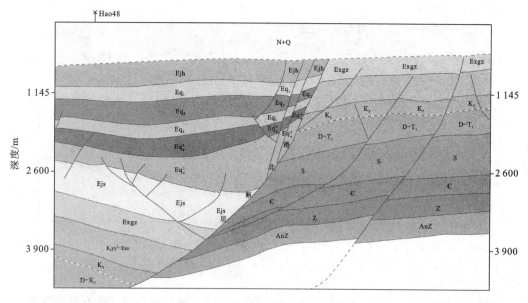

图 2.32　qblp380 地震地质解释剖面

蚌湖地区,地震剖面显示在凹陷沉降中心,潜北断层高角度滑动的同时附近各个顺向断块产生相对滑动,在深部形成由反向断层转换共同作用的高角度断裂夹持的断块构成"漏斗"状结构,次生断层少,在主干断层强烈沉陷与沉降中心牵引作用下,纵向上形成了"漏斗"状、Y 状和燕山中期花状构造样式(图 2.35、图 2.36)。

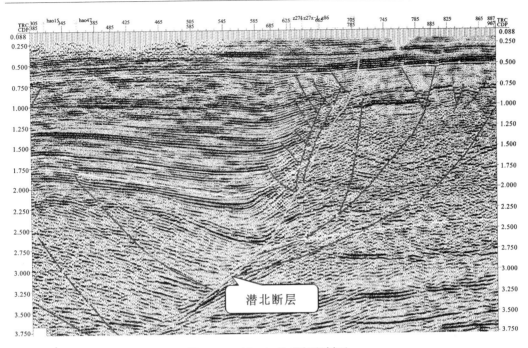

图 2.33　qblp420 地震解释剖面

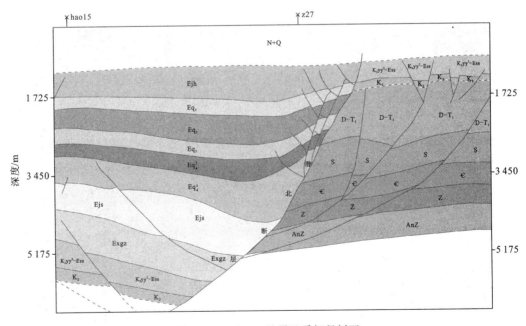

图 2.34　qblp420 地震地质解释剖面

　　此外,在蚌湖以东地区潜北主干断层附近的顺向次级断层常常消减于深部的塑性层中,潜三段—荆河镇组地层可见多字型断裂构造样式。上部多字型断裂变形样式发育,说

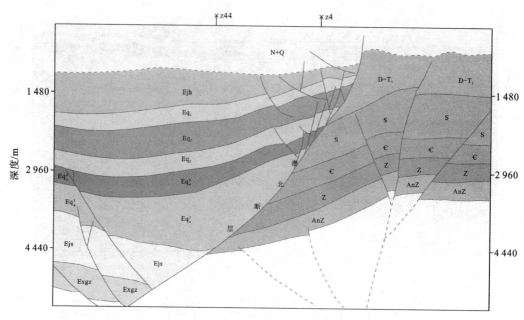

图 2.35 qblp500 地震地质解释剖面

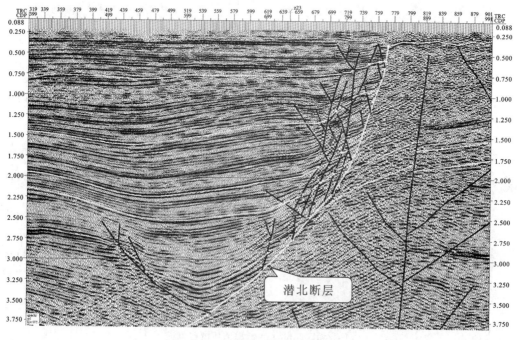

图 2.36 qblp580 地震解释剖面

明紧邻断裂为受下降盘强烈正牵引和地层脆性增强作用的结果,而远离潜北主干断层的
下降盘地层塑性较强,断裂不甚发育(图 2.36、图 2.37)。

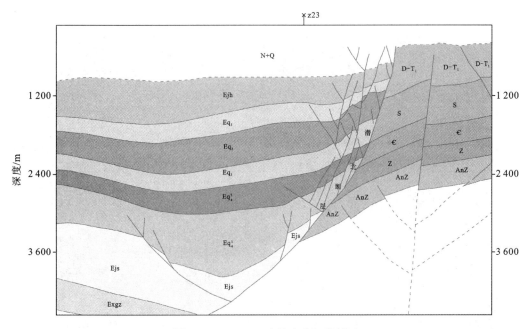

图 2.37　qblp580 地震地质解释剖面

3) 东段

平面上以数条分枝断层对向侧列、斜列、网格状、发散状或是三角形断块群(图 2.26)展布,断裂构造体系复杂。剖面上断面形态多变,次级断层发育。特别是在潭口地区,下伏侵入盐泥加剧了该段断裂构造的复杂程度。

东一段主要在潭口地区,中构造层下段沉积时期为断裂坡折带转变带。荆沙组沉积时,潜北断裂下降盘产生负荷差异,潜江组沉积时盐泥产生,至荆河镇组沉积盐泥侵入上拱。地震剖面显示潜北主控断层有一个由缓到陡的转折,纵向上形成"座椅状",为先期乐乡关隆起古残丘与后期盐岩塑性流动上拱共同作用的结果。主断层附近可见马尾构造、天窗构造和后期盐泥塑性流动变形变位形成的各种断裂构造样式及盐泥构造样式(图 2.38~图 2.41)。

东二段主要为潭口以东地区,潜北断裂体系也较复杂,类似西段的"马尾式"断裂构造,不同点在于平面上分枝地层为北东向延展,并与潜北主断层呈小角度相交,与潜北断层组成扫帚状断裂样式。潜北主断面倾角较缓,座椅状已不是很明显(图 2.42)。主干断层高角度犁式结构,上、下段倾角稍有不同,断裂构造特征为:下段渔洋组至潜四段,断层呈平缓弧形,倾角为 45°~75°,次生断层主要分部在渔洋组—荆沙组,呈"Y"型和复"Y"型结构。潜四段地层 45°,牵引下凹,塑性性质明显;上段潜三段—荆河镇组,主干断层呈弧形,倾角为 45°~50°,具有逆牵引背斜特征,后次生断层切割,上部地层剥蚀,形成扫帚状断裂构造,浅层由于喜马拉雅早期伸展作用产生次生共轭断层。

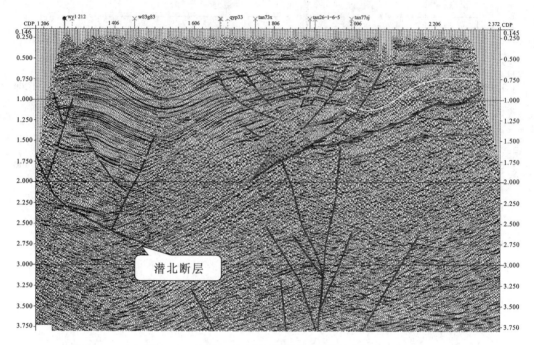

图 2.38　tk3d—inline797 地震解释剖面（北西向）

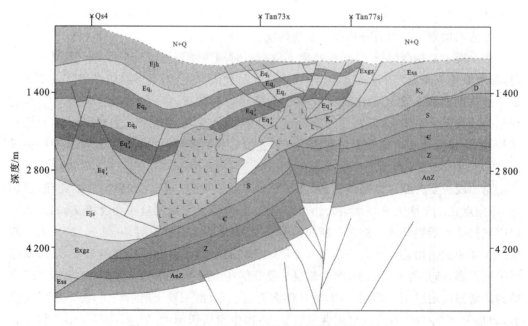

图 2.39　tk3d—inline797 地震地质解释剖面（北西向）

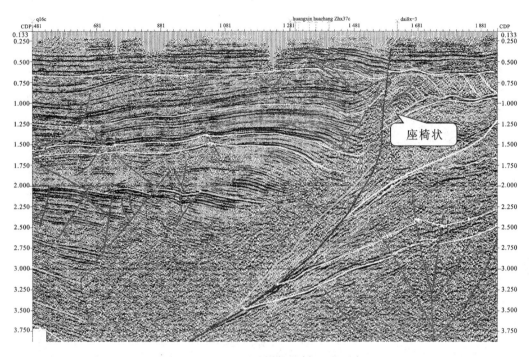

图 2.40　dplp320 地震解释剖面(北西向)

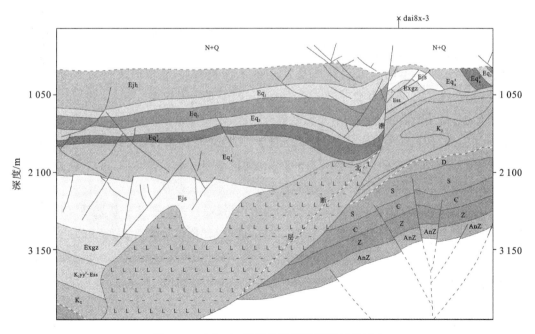

图 2.41　dplp320 地震地质解释剖面(北西向)

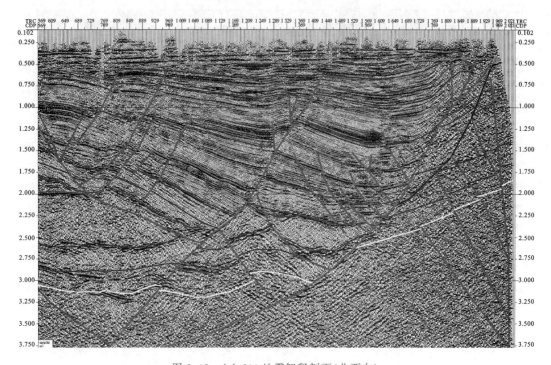

图 2.42　dplp600 地震解释剖面(北西向)

纵向上,燕山中期压扭可见走滑断裂系统。荆沙组下段沉积后,潜北断裂随之产生,早期断层陡,潜北主控断层与次级断层组成 Y 式与复 Y 式断裂构造样式,潜江组至荆河镇组沉积时早期产生的逆牵引随即被产生的次级断层所切割形成马尾式构造样式(图 2.42、图 2.43)。主要可见 Y 式、复 Y 式、帚状、花状构造样式。

总体上,潜北断裂作为控凹的北部边界大断裂,断裂体系相当复杂。其断裂结构具有明显的分段性,具有中段相对简单、西段较复杂、东段复杂的结构特点。该断层是中部控盆最为强烈,西、东部稍弱,具有断层落差巨大、切割地层层系多、断面形态多变、倾角变化大、平面延伸距离远等特点。

潜北断裂上升盘为燕山中期南北挤压-剪切走滑构造,为白垩系—新近系沉积的古构造背景,剖面上可见花状构造(图 2.44)。大洪山弧形推覆体冲断片为前缘凸起,后缘燕山晚期回滑形成山间白垩系—新沟嘴组盆地断拗,新近系+第四系沉积前岩浆侵入断拗旋转并遭受剥蚀(图 2.45)。总体表现为以荆门陷-乐乡关隆起-汉水凹陷-永隆河隆起为主的垒堑式结构。

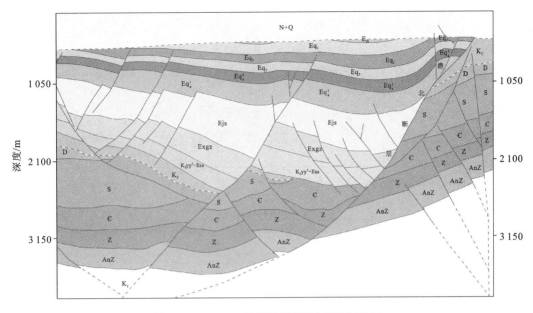

图 2.43 dplp600 地震地质解释剖面（北西向）

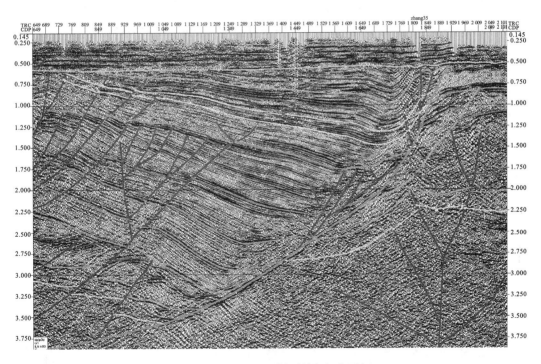

图 2.44 dplp480 地震解释剖面（北西向）

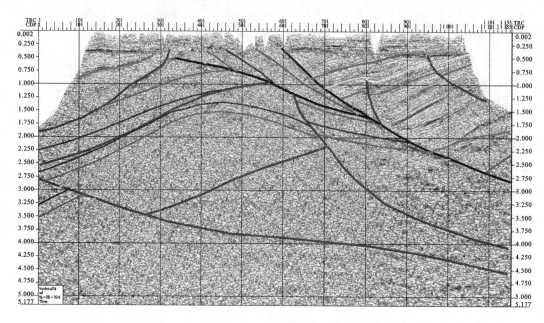

图 2.45　tk-06-104 二维地震解释剖面（北东向）

　　剖面显示潜北断裂下降盘发育古近系、新近系两种类型的角度不整合面：①凹陷边缘低角度不整合面（5°～10°），为喜马拉雅中期抬升运动形成的区域不整合面；②潭口凸起高角度不整合面（20°～45°），由盐泥构造生长拱升后使上覆地层遭受剥蚀而形成的局部不整合面。纵向上发育多条盐泥脊、盐泥墙、盐泥丘、盐泥滚和盐泥复合构造，以潭口凸起及其两翼为例，由北向南出现王场、潭口、潭口西三组北西向的盐泥墙（堤），盐泥及混合构造分布于渔洋组—潜江组各个层系中（图 2.19、图 2.14、图 2.46）。可见由盐泥上拱隆升产生的发散状断裂构造样式以及潜北断层附近马尾状、Y 式、多字型、漏斗状等各种断裂构造样式。此外，由于盐泥塑性流动所致的盐泥间、盐泥边向斜，以及盐泥上背斜、低幅背向斜区较为多见（图 2.19、图 2.14、图 2.46）。

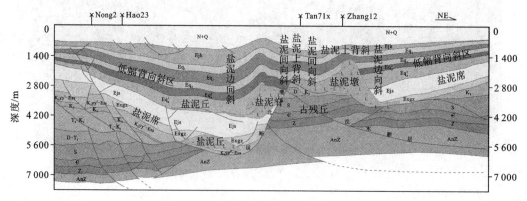

图 2.46　qblp520—dplp1520 地震地质解释剖面（北东向）

2.2　断裂构造样式的成因类型及特征

2.2.1　构造样式的成因分类

近年来,随着科学技术的发展,新方法、新技术的应用,研究领域明显扩大和日益深化。学科间彼此渗透又先后综合,构造样式的成因分类正朝着立体化、定量化、动态化、综合化的方向发展。构造样式的信息量与日俱增,新思维、新概念、新理论层出不穷。如几何学、运动学、动力学等的兴起,给地质构造学带来了活力。几何学分析是通过地表观察及地震剖面解释来获得三维构造几何特征,将各种变形组合的应变场与应力场结合起来;运动学分析是侧重于将板块运动与盆地演化序列结合起来,对构造位移变化进行推断;动力学分析主要考虑三种动力系统,即伸展构造体系、压缩构造体系和走滑构造体系与盆地类型及其形成机制的关系。

当前对构造样式的分类,已经从单纯的几何形态定性描述进入到定量和力学分析,并强调了地球动力学环境对构造样式的演化和区域沉积的控制作用,因此最新的构造样式分类方案是以地球动力学背景和应力场为基础。其前提是构造样式与形成盆地的应力场、地球动力学环境具有一致性,据此可以将其划分为伸展构造样式、挤压构造样式、走滑构造样式、反转构造样式、重力与热力构造样式六大构造系统,而各类构造样式又可根据盆地类型及构造部位、岩石性质、变形层次,特别是受力性质、大小、方向和时间等因素,划分出次级构造样式。

2.2.2　构造样式的变形特征

潜北断裂带结构复杂,断裂构造样式复杂多变。具有东西分段,垂向分层的变形特征。区内主要发育伸展构造样式和各种盐构造样式,断裂构造样式以及盐泥构造样式的分布具有明显的差异性,但成因上又具有一定的联系。从区域范围看,许多构造在几何特征及应力机制上相互间有着密切的联系,形成特定的构造组合,变形条件相似的地区,其构造组合也相似。潜北断裂带经历了多阶段、多期次转换变革的构造演化史,反复的拉张裂陷作用和挤压隆升-侵蚀作用及内部盐岩变形变位的演化特征。导致多个构造层和展布方向不同的构造带的发育。早期北西向及晚期北东—北北东向变形构造的多期次、多性质的叠置交织,形成网式镶嵌的构造格架样式。现今的构造变形样式是多期次、多成因、多层次构造变形的叠加结果。

2.2.3　构造样式力学性质的转化

研究区构造样式经历了反复的拉张、挤压、聚敛与造山之间并伴随有阶段性的走滑变形与变位,其中包括燕山早中期北西向的推覆压扭、燕山晚期的回滑断陷、喜马拉雅早期

的北西—南东向伸展拉张、喜马拉雅中期的区域抬升剥蚀四大构造运动,以及白垩系—古
近系两大沉积-成盐旋回。它们各自具有大致一致的构造样式和沉积格架,但在不同时期
和不同地域亦表现出明显的差异,反映了构造样式形成与演化的复杂特点。研究不同历
史时期所形成的构造样式、构造行迹的特征及其在时间上的相互联系与发展,在空间上的
相互叠置与移位分布,对于深化潜北断裂带的构造样式形成及其转化的地质背景以及油
气富集分布规律具有十分重要的意义。

　　研究区经历了多次构造运动,早期的构造样式常为后期构造样式所掩盖,这就需要研
究不同构造层次的构造样式及特征。一个地区的张性构造样式可以转化为压性构造样
式,反之,压扭构造样式也可以转化为张性构造样式。这在沉积构造上也有反映,如裂陷
盆地发育中沉积物由粗变细,而拗陷盆地发育后期沉积物可以由细变粗,反之亦然。如潜
北断裂带上升盘荆门断层、汉水断层(图 2.47),以不整合面为标志说明其经过反转,显示
半地堑结构特征。

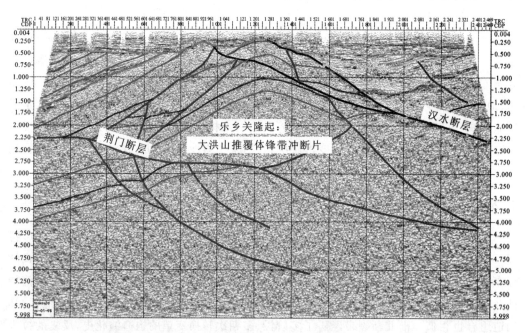

图 2.47　潜北断裂上升盘 zs-01-96 二维地震解释剖面(北东向)

　　事实上,即使在同一构造环境下,由于变形区的地壳力学性质不同,构造样式也可以
发生变化,主要取决于基底的组构及上覆盖层的岩性。如紧邻潜北断裂带不同段内断裂
构造样式呈有规律的分布,受物源供给影响,乐乡关隆起部位地层脆性增强,断裂发育。
而远离该带下伏地层塑性较强,断裂欠发育。不止如此,潜北断层下降盘很多隆起背斜、
穹窿突起及断鼻构造的形成都与其下伏的塑性盐岩层有关。工区多种构造样式都与盐泥
受力侵入上拱有关,岩层越厚、盐岩黏滞度越小及上覆前构造层越厚,盐流动就越大。

　　总之,构造样式的表现形式主要受到基底性质、应力作用的方向、强度、速度、持续时间和变形期次的影响,此外变动时的沉积作用、重力与热力作用及其相互影响和互为补偿对构造样式的形态以及它的演化和发展都可以产生影响。每一构造样式都可以因为不同时期不同应力条件具有根本不同的构造特征,应力系统叠加使其复杂化和具有双重力学性质。对于这些因素的综合分析有利于识别不同层次的构造样式及力学性质的转化,便于进一步寻找有利于油气聚集的构造组合、沉积组合和成藏组合。

2.3　断裂带构造样式特征

　　构造样式分析包括几何学、运动学、动力学和时间四大要素。几何学分析是通过地表观察和地震剖面解释来获得二维和三维构造图像,将各种变形组合的应变场和应力场分析结合起来。运动学分析是将构造样式置于板块运动背景中,对构造位移变化进行分析。动力学分析主要考虑构造形成机制,与动力学系统所产生的伸展构造体系、压缩构造体系和走滑构造体系有关(刘和甫,1993)。构造的形成具有一定的时限,因此,构造样式不仅具有地区性,而且具有时代性。本书谈及的构造样式系指应变机制相似的区域,其构造组合也类似。即同一期构造变形或同一应力作用下所产生的构造的总和。构造样式的剖面形态、平面排列方式等构造组合形式既反映了构造样式特征也反映了其发育的力学背景和构造背景,不同构造样式所特有的构造组合发育规律又决定了构造圈闭的形成和分布特点。构造样式的识别是联结盆地背景分析和局部构造形成机制研究的纽带。

　　根据勘探和研究现状,潜北断裂带的构造格局主要是中新生代多期构造运动形成的。研究表明,研究区上白垩统为伸展环境,控盆断裂多为早期基底卷入型挤压断裂后期回滑所致。进入燕山晚期—喜马拉雅早期后,扬子地区构造作用方式和格局发生了重大改变,已完全由早期的挤压构造体系转化为区域性大规模引张作用为主的伸展构造环境,进入中国东部多旋回的拉张-断陷构造伸展作用阶段。该阶段主要体现为全区拉张作用,中古生界以断块活动为主要特征。一方面形成新的构造形式,另一方面对先存构造给予改造和再造,主要表现为早期先存的挤压断裂发生负反转,由逆断层转化为正断层,形成了地堑和半地堑盆地(付宜兴等,2008)。期间经历了多个构造演化阶段,构造样式丰富多样。

　　此次采用以地球动力学和运动学背景为基础的构造样式分类方案将对研究区进行构造样式分类。研究表明,潜北断裂带上下盘中古生界构造主要受挤压(扭)和伸展两种应力体制控制,经历了燕山早中期、燕山晚期、喜马拉雅早期及喜马拉雅中期等多期构造变形的改造和叠加,区内的构造样式与形成盆地的地球动力学背景具有一致性,因此可将其构造样式具体划分为伸展作用、走滑作用、反转作用、塑性作用、与岩浆岩作用有关五种类型。进而分析几何学和运动学特征、时空展布规律、垂向叠置形式及其构造变形机制等(表 2.1~表 2.3)。

表 2.1　潜北断裂带及其上下盘变形构造基本样式分类表

应力机制	断裂构造样式			成因类型	代表地区
		剖面	平面		
伸展作用	顺向断阶		同向侧列	伸展-断陷作用下,断块旋转下掉地层产成形成与断层同向结构。断层近平行,基本同期形成	东、西段斜坡
	反向断阶				
	地堑(半地堑)		对向侧列或相交	伸展-断陷作用下,断块离散沿高-低角度断层倾向滑动,形成对称或不对称式的垒、堑式结构,不对称居多。断层近平行,基本同期形成	东、西段斜坡
	地垒		对向侧列或相交		
	对向Y式与复Y式		对向或网格	伸展-裂陷作用下,以潜北平直主断层由深至浅,由老至新产生对向共轭调节断层,收敛于主干断层,形成了对向Y式与复Y式结构	张港、西斜坡
	马尾式		同向斜列	主断层活动与下降盘沉降牵引下拉由深至浅由老至新产生同向调节断层,收敛于主干断层,形成马尾式	中段西部
	多字式		同向侧列或网格	伸展-裂陷作用下,以潜北高角度铲式主断层滑动作用,下降盘各个顺向断块产生相对滑动期间分割成多个反向次级断块,顺向次级断层消减于断层为塑性变形层中,形成多字样式	中段中部

应力机制	断裂构造样式				成因类型	代表地区
	剖面		平面			
伸展作用	不对称漏斗式		对向包络或环绕		伸展-裂陷作用下,以潜北高角主断层滑动作用,下降盘处于沉降中心,强烈的沉降下拉产生反向次级断层。形成漏斗式样式	中段底部
	扫帚式		同向环绕		伸展-裂陷作用下,以潜北深部高度角前部平缓弧形断面使下降盘产生逆牵引背斜或断鼻,后有顺向断层切割,形成扫帚状结构	东段东部斜坡上部

表 2.2 潜北断裂带及其上下盘变形构造基本样式分类表

应力机制	断裂构造样式				成因类型	代表地区
	剖面		平面			
塑性作用	盐泥脊		放射状		潜四段盐泥沿低角度断裂底板塑性流动底辟上拱使上覆地层张裂形成放射性状展布的断裂	潭口西、东
	盐泥侵穹窿		环状		渔洋组—沙市组、潜四段盐泥沿潜北断裂、潭二断裂塑性流动盐泥侵形成环状放射性展布的断裂,使上覆地层局部形成天窗式构造	潭口
	盐泥滚		椭圆状构造		潜四段盐泥沿滑脱断层塑性流动滚动增厚上拱,使上覆地层局部背斜或断鼻,后缘盐泥减薄抽空产生顺向断层	钟市
	盐泥枕、盐泥丘、盐泥墙				盐泥底辟,广泛发育,使上覆地层形成背斜,并形成边缘向斜及龟背构造等,平面图形呈条带或多种形态	蚌湖凹陷、三合场凹陷

应力机制	断裂构造样式			成因类型	代表地区
	剖面		平面		
塑性作用	盐泥刺穿		条带状	在平缓面与陡直断面转折处,盐泥沿断层或直接刺穿上覆地层,形成刺穿构造	潭口以西深部主断层
	多层盐泥组合与隐刺穿			多层盐泥丘叠置,其间焊接,并对上覆地层隐刺穿	潭口以西

表 2.3　潜北断裂带及其上下盘变形构造基本样式分类表

应力机制	断裂构造样式			成因类型	代表地区
	剖面		平面		
走滑作用	花状		左行走滑	燕山中期挤压-压扭作用下,海相中古生界在潜北断裂带上升盘产生了北东向左行走滑后由于潜北断裂带下降盘下掉,对其产生强烈的牵引作用	潜北断裂上升盘
反转作用			同向不同性侧列	燕山中期挤压-压扭作用下,海相中古生界北西向逆冲断裂带,燕山晚期断裂构造负反转回滑形成北西向控盆断裂	汉水断裂、荆门断裂
岩浆岩作用	岩浆岩侵入与刺穿		条带串珠	岩浆岩沿北东向、北西向侵入喷发,使地层掀斜后期剥蚀,主要沿荆门断层、汉水断层分布	潜北断裂带上升盘

2.3.1　伸展构造样式

　　伸展构造样式系指在盆地边裂陷、边沉积、边沉降、边断裂、边变形过程中,不同类型的正断层及组合的滑移、旋转在不同深度、不同层次和不同构造部位所形成的断块、逆牵引背斜、披覆背斜和压实构造等进而产生各种断裂构造样式。因其与生油凹陷的发育、储集相带的分布及油气田的形成密切相关,所以普遍受到人们的重视。研究区断裂结构复杂,燕山晚期大规模的构造负反转使得伸展构造在潜北断裂带附近极为发育。特别是在喜马拉雅早期伸展-引张作用下,随着潜北断层的产生,发育多种伸展型断裂构造样式,主要可总结为顺向断阶、反向断阶、地堑(半地堑)、地垒、对向 Y 式与复 Y 式、马尾式、多字式、不对称漏斗式、扫帚式等。

1. 顺向断阶

伸展-裂陷作用下,断块旋转下掉地层产状形成与断层同向结构。剖面上断层由若干条产状基本一致的正断层组成,断层近平行,各条断层的上盘依次向同一方向断落,断层基本同期形成。平面呈同向侧列分布(图 2.48、图 2.49)。纵向上呈台阶状延伸,该构造样式与断陷一样一般对早期形成的油气系统起破坏作用。

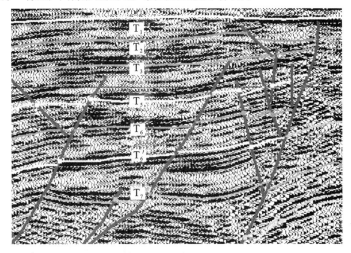

图 2.48　顺向断阶(qblp-inline340 测线)

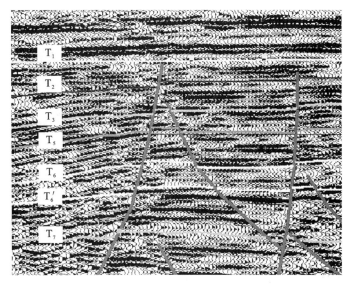

图 2.49　顺向断阶(qblp-inline300 测线局部)

2. 反向断阶

　　伸展-裂陷作用下,断块旋转下掉地层产状形成与断层反向结构。反向断阶的存在使得斜坡的沉积地形复杂化,一般反向断阶的存在可使水流沉积物流改变方向,影响沉积物的展布,其对沉积的边界约束作用可使砂体的形成、储存和展布与反向断阶存在某种意义上的对应关系,可为寻找隐蔽油气藏提供思路。地震剖面显示,断阶由若干条产状基本一致的正断层组成,断层近平行,各条断层的上盘依次向同一方向断落,断层基本同期形成。平面呈同向侧列分布(图 2.50、图 2.51)。

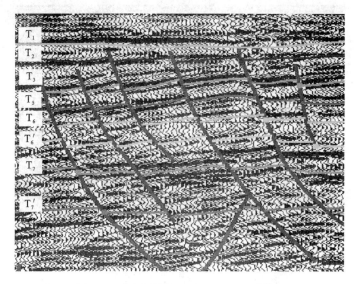

图 2.50　反向断阶(qblp-inline300 测线)

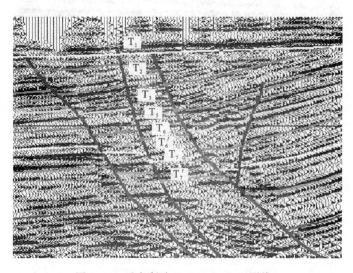

图 2.51　反向断阶(xplp-inline160 测线)

3. 地堑(半地堑)

地堑主要是由两条走向基本一致的相向倾斜的正断层构成。两条正断层之间有一个共同的下降盘。构成大中型地堑边界的正断层常常不是一条单一的断层,而是由数条产状相近的正断层构成一个同向倾向的阶梯式断层系列。两侧正断层可以是均等发育的,也可以是一侧断层较另一侧发育。断陷的底部往往是前白垩系的构造高位,地堑的发育对早期油气系统起破坏作用。工区不对称堑式结构居多,断层近于平行,基本同期形成,平面上为对向侧列或是相交(图 2.52)。

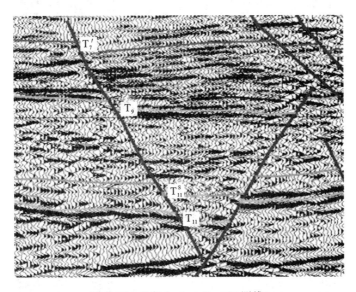

图 2.52　地堑(xplp-inline160 测线)

4. 地垒

地垒主要由两条走向基本一致倾向相反的正断层构成,两条正断层间有一个共同的上升盘。燕山晚期—喜马拉雅早期北西-南东向伸展-裂陷的作用下,断块离散沿高-低角度断层倾向滑动,形成对称或不对称的垒式结构,该构造有利于油气的重新分配,可形成后期成藏型油气藏。该断裂构造样式在工区的东、西斜坡较为常见(图 2.53)。

5. 对向 Y 式与复合 Y 式

伸展-裂陷作用下,主断层之上地层受斜向剪切与重力作用的结果,以潜北平直主断层由深至浅,由老至新产生对向共轭调节断层,收敛于主干断层,形成了对向 Y 式结构。复杂型倾向相反的各级断层相互搭接组合,最后搭在主断层上形成复合 Y 式结构(图 2.54～图 2.56)。该类地层组合中由同沉积断层形成的滚动背斜和断层组合往往形成断鼻或单斜油气藏。油气聚集的丰度很大程度上与地层产状和断层倾向之间的搭配有关,可进一步将潜北主干断层与伴生断层控制的断块油气藏作为勘探的重点目标之一。

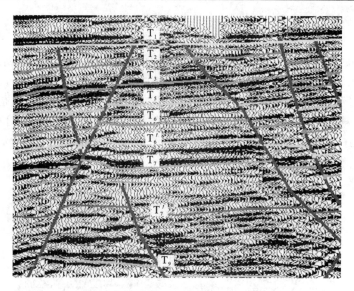

图 2.53　地垒(xplp-inline160 测线)

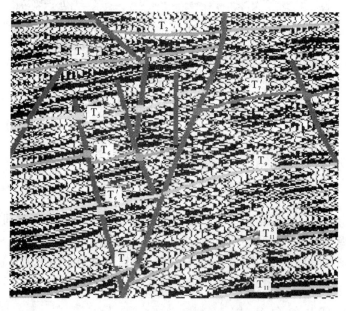

图 2.54　对向 Y 式(qblp-inline340 测线局部)

　　此外,在潜北断裂下降盘的东西斜坡上,较集中地分布着一系列 Y 型的断裂构造样式,其中尤以西坡的 Y 型断裂最为发育。这类断层一般具有沿早期大断裂成带分布的特点。这类断层断距一般不大,延伸较短,断开的层位深浅不一,但有的也可从荆河镇组一直断达荆沙组。在剖面上,多数断面较平直,呈对向 Y 式。在平面上,这类断层将工区北西向展布的斜坡带切割成北东向垒堑相间的中、小型断块,一般不利于局部构造圈闭的形成。

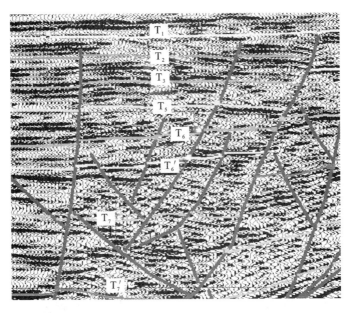

图 2.55 对向 Y 式(qblp-inline300 测线)

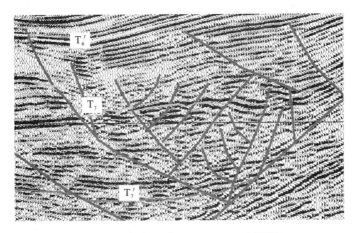

图 2.56 复合 Y 式(qblp-inline660 测线)

6. 马尾式

喜马拉雅早中期伸展-裂陷作用下,以潜北高倾主控断层活动与下降盘沉降牵引下拉由深至浅由老至新产生同向调节断层,收敛于主干断层,纵向上形成马尾式断裂构造(图2.57、图 2.58)。平面上多为同向斜列形式。

7. 多字式

伸展-裂陷作用下,以潜北高角度铲式主断层伸展-拉张滑动作用,下降盘各个顺向断

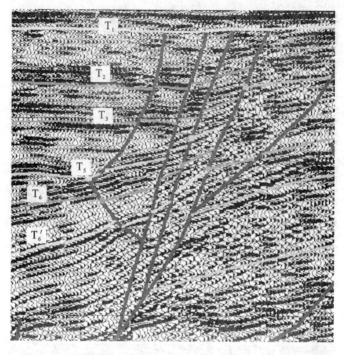

图 2.57　马尾式(qblp-inline380 测线)

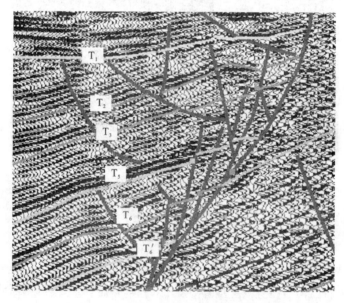

图 2.58　马尾式(qblp-inline500 测线)

块产生相对滑动期间分割成多个反向次级断块,顺向次级断层消减于深层为塑性变形层中,纵向上形成多字型或网格状样式,平面上为同向侧列或斜列(图 2.59、图 2.60)研究区紧邻潜北断裂带下降盘中段蚌湖地区较为发育。

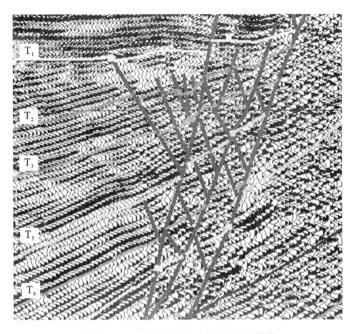

图 2.59　多字式(qblp-inline540 测线)

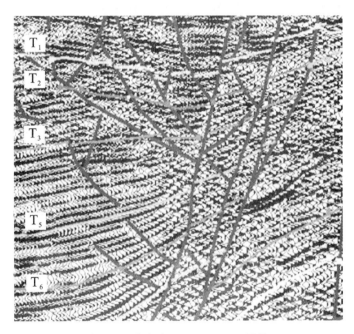

图 2.60　多字式(qblp-inline660 测线)

8. 不对称漏斗式

伸展-裂陷作用下,以潜北高角度主断层滑动作用为主,下降盘处于蚌湖沉降中心,在强烈的沉降作用下,下降盘强烈牵引下拉使地层产状变陡,在下拉和强烈沉降的双重作用下,使紧邻潜北断层的脆性地层产生反向的次级共轭断层,形成漏斗式样式,平面上断层对向包络或环绕(图 2.61、图 2.62)。

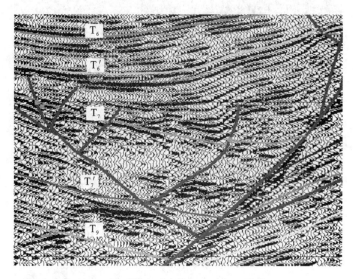

图 2.61　漏斗式(qblp-inline380 测线)

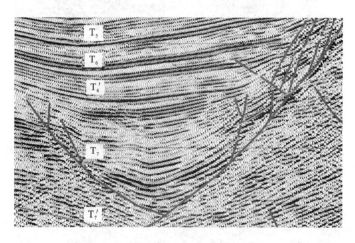

图 2.62　漏斗式(qblp-inline580 测线)

9. 扫帚式

伸展-裂陷作用下,以潜北深部高角度前部平缓弧形断面使下降盘产生逆牵引背斜或断鼻,后有顺向断层切割,同时顶部接受剥蚀改造,纵向上形成扫帚状结构,平面上,断层成同向环绕状(图 2.63、图 2.64),该构造样式在潭口东部地区较为多见。

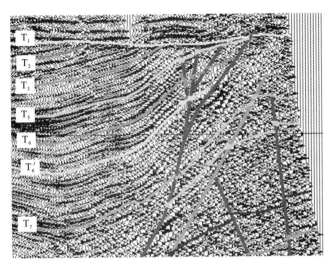

图 2.63　扫帚式（qblp-inline560 测线）

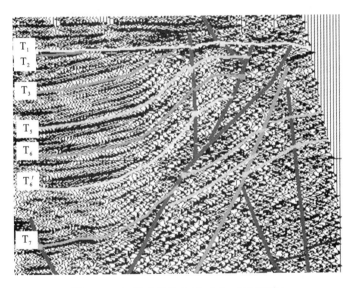

图 2.64　扫帚式结构（qblp-inline600 测线）

2.3.2　挤压构造样式

燕山早中期,随着大洪山推覆块体作用的加强,侏罗系及其以下的地层褶皱,奠定了研究区北西向挤压型褶皱构造的格架。早期基底构造层系依次发生大规模逆冲推覆活动,产生挤压推覆型构造样式,该类构造样式的逆冲断层主要由一套产状相近,并向同一方向逆冲的若干条逆冲断层所构成的单冲型推覆构造和由一套产状相似的逆断层和正断层(后期回滑)组成,形成上宽下窄的楔状冲断体的楔冲型推覆构造。

2.3.3　扭动构造样式

中古生界构造主要受挤压(扭)和伸展两种应力体制控制,研究区经历了燕山早中期、燕山晚期—喜马拉雅早期、喜马拉雅中期等多期构造变形的改造和叠加,其中燕山中期在挤压-压扭作用下,海相中古生界在潜北断层上升盘邻近潜北主干断层产生了北东向的左行走滑,后由于喜马拉雅早期北西—南东向的伸展-拉张作用,潜北断裂带下降盘下掉,使上升盘地层产生强烈的正牵引作用(图2.65、图2.66),在上升盘潜北地层附近可见牵引单斜构造。地震剖面上,走滑主断面下陡上缓,向深部合并陡立插入基底形成花干,花干向上、向外撒开。在浅层部位,由于挤压分量而引起向断面反倾方向滑动,形成背行或花朵状构造特征,该断裂构造样式在潜北地层中、东段上升盘较为常见。

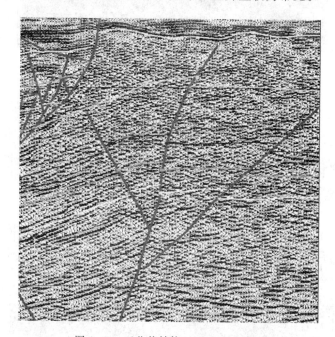

图 2.65　正花状结构(qblp-inline500)

2.3.4　反转构造样式

反转构造实为一种叠加、复合构造,与区域应力场的变化有关。压性-压扭性的构造逆向反转成张性-张扭性地堑、半地堑系统。燕山中期在挤压-压扭作用下,海相中古生界地层挤压推覆形成了北西向逆冲断裂带,后由于燕山晚期断裂构造负反转回滑形成北西向控盆断裂。荆门凹陷、汉水凹陷即为早期中古生界地层反转回滑后接受上覆沉积的结果。现今地震剖面显示,白垩系—荆沙组地层越靠近荆门凹陷处地层逐渐增厚,最大沉降厚度带与主控断裂走向一致并分布于主控断层下降盘一侧(图2.67~图2.70),其中越靠近沉降中心沉积地层越厚。

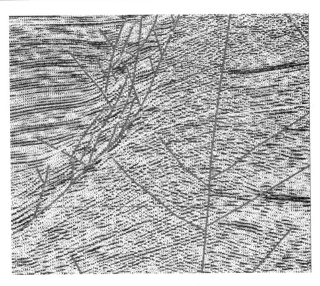

图 2.66　正花状结构(qblp-inline580)

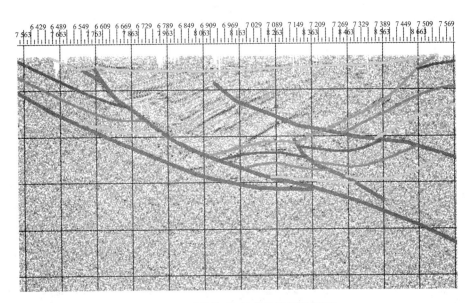

图 2.67　反转构造(松安地震解释剖面)

　　反转构造对油气运移、聚集的影响已成为评价油气远景、选区、进行勘探和估算资源量的基础。研究区在白垩纪之前为逆断层,先期挤压、隆升前白垩系至泥盆系地层,岩层遭受不同程度的风化、剥蚀和淋滤,储层十分发育,而后拉张、裂陷深埋于生油岩之下。因此,邻近生油凹陷,具有运移距离短、储层条件优越,以及构造圈闭面积大、幅度高等先天条件,是形成古潜山或不整合面油气藏富集高产的主要原因。研究反转构造的时空分布规律对工区区域应力场的变更、地球动力学背景分析等基本问题具有重要的理论意义。

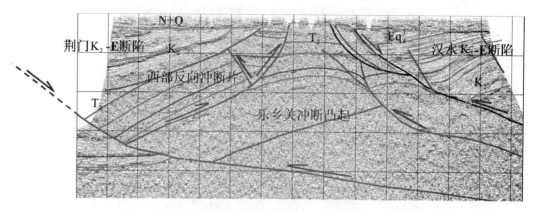

图 2.68 反转构造[2D(NE)-c107 地震解释剖面]

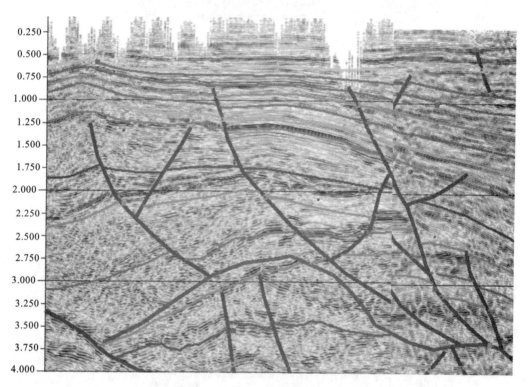

图 2.69 反转构造(xplp-crossline220)

2.3.5 重力与热力型构造样式

潜北断裂带上下盘自晚白垩世以来,经历了挤压-拉张-挤压-拉张多旋回演化,形成了极其复杂的基底结构和周边构造体系,强烈的火山活动、盐泥塑性流动、拱升形成了多种多样的构造形态,使潜北断层下降盘构造样式具有多变、多类型的特点。特别是渔洋

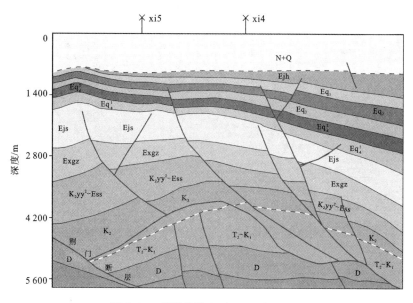

图 2.70　反转构造(xplp-crossline220)

组—沙市组与潜四下亚段盐岩对潜北断裂带上下盘结构构造有巨大的改造作用,伴随盐岩构造所产生的断裂构造样式亦多种多样。

对于盐泥构造形成存在地质作用,以往学者总结有六种:①浮力作用;②差异负载作用;③重力扩张作用;④热对流作用;⑤挤压作用;⑥伸展作用。当密度发生倒转时,在重力用下,随着密度更大的上覆地层的下沉,盐泥体会向上抬升。差异负荷作用是指盐泥上地层的厚度、密度和强度在侧向上发生变化,可分为三类:一是由于上覆地层遭受剥蚀而引起的剥蚀差异负荷;二是由于沉积作用导致的差异负荷;三是由构造作用形成的差异负荷。重力滑动和重力扩展作用造成的盐泥构造主要与陆坡环境或造山带前缘由于山系抬升形成的构造斜坡有关。热对流作用形成的盐泥底辟,是由于底部较热的盐泥体发生膨胀上升,并使密度减小,盐泥层在热对流的作用下发生反转形成盐泥构造。区域伸展作用和区域挤压作用也能触发盐泥构造的形成,盐泥体可以从由区域伸展作用形成的地堑下部、地层倾斜面隆起或沿着断层断面上侵,其速率受伸展速率控制;同时伸展断层可以使上覆层在局部地区减薄,从而在构造作用下形成差异负荷,促使盐泥构造的形成。

导致盐泥塑性流动的基本要素是岩盐纯度、厚度、湿度等内在因素和温压、底板条件。盐的软化与流动及其底辟需要一定的温压物理条件,一般认为埋深在 2 500～3 000 m 和地温 100 ℃时产生,在不同的地区存在差别。产生盐泥塑性流动的底板为倾斜、上凸或下凹界面,即断陷斜坡或造山带前缘斜坡环境,形成重力滑脱和盐岩软弱层上覆盖层差异压实条件,由于上覆盖层差异负载(压实)造成沿底板重力滑脱,盐泥层内部应力失去平衡且在坡折处塑性流动受阻产生底辟,而底辟上覆地层产生张性断裂又使其地层压力降低导致盐岩上拱形成刺穿或隐刺穿构造,潜北断裂带下降盘王场盐泥背斜和钟市断鼻的形成即与上述作用有关(图2.71、图2.72),盐泥流上隆的过程形成了上覆地层横弯断褶构造。

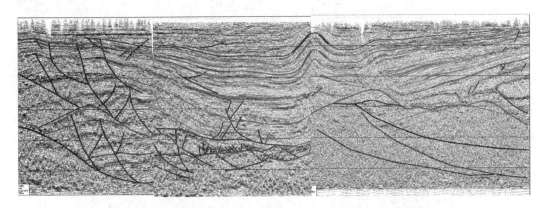

图2.71　盐泥刺穿构造(xplp170—qblp440—dplp1360地震解释剖面)

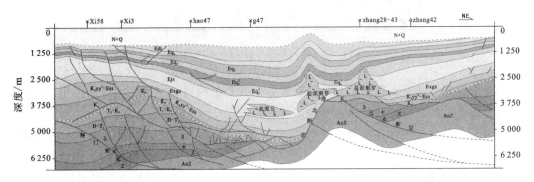

图2.72　盐泥刺穿构造(xplp170—qblp440—dplp1360地震地质解释剖面)

从应力作用来讲,由于盐泥上覆地层的差异负荷导致富盐泥区围压产生差异,导致盐泥的塑性流动。伸展作用是产生盐泥刺穿、隐刺穿构造的结果,古构造坡折、倾斜断面、斜坡转折带等倾斜底板面是盐泥构造形成的充分条件。

以往针对纯盐构造研究较多,而对盐泥构造的研究相对较少,潜北断裂带下降盘渔洋组—荆沙组、潜江组地层多属岩盐、泥、膏岩互层,王场背斜和潭口下伏核部地层增厚,据钻探揭示,往往存在着大套泥、膏、盐混杂现象,地层难以对比,实为盐泥构造。盐泥构造并不意味着由盐泥流动揉皱完全变为塑性一体,其内部结构可能携带薄层砂岩层、泥岩层及其互层,总体表现为塑性性质,渔洋组—荆沙组、潜江组盐泥构造地震剖面上可见部分层状反射特征,但外部结构为丘状或底平透镜状。

燕山晚期—喜马拉雅早期,岩浆岩沿北东向、北西向条带侵入,使地层遭受后期掀斜抬升剥蚀,主要沿荆门断层、汉水断层分布。地震剖面上,岩浆岩刺穿构造呈倒漏斗状由下至上刺穿围岩,引起围岩拉伸变薄。"漏斗"周围地震反射同相轴零乱,内部反射结构为杂乱的地震相(图2.1、图2.2)。

2.4　各段构造样式分布规律

　　潜北断裂带地质结构复杂,区内演化以不可逆的运动过程做旋回式的发展,断裂的形变过程亦是如此。潜北断裂带上下盘经历了多期构造运动,断裂构造样式的分布规律与断层的形成和演化息息相关,断层的形成、发育、规模及性质必然在空间上有一定的分布规律,形成了其独特的活动方式和断裂组合样式。剖面形态、平面排列方式等构造组合形式所反映的构造样式特征同时反映出盆地发育的力学环境和构造背景,不同的构造样式所特有的断裂及盐泥构造组合样式的发育规律又决定了构造圈闭的形成和分布特点。

　　潜北断裂带构造样式受主干断层形态和产状、下降盘地层塑、脆性性质(盐泥岩含量)、刚性性质,以及凹陷沉降速率、塑性作用和上下升盘古构造基底性质决定。研究区断裂样式丰富多样,总体来讲,潜北断裂带白垩系—荆河镇组断裂构造样式有如下规律(表 2.4～2.6)。

　　东段主干断层"上缓弧"是形成逆牵引背斜或断背斜及其帚状断层的重要条件,"上缓弧"、逆牵引、双层塑性和局部剥蚀多重作用形成了潭口同轴穹窿的结果,斜坡和平缓断面为盐泥脊、盐泥丘的产生提供了有利条件,断层陡缓转折处是产生盐泥侵的有利部位,盐泥构造的形态决定了与其有关的断裂组合和展布,主要发育 Y 式、马尾式、帚式、花状等断裂构造样式,平面上断裂构造样式呈斜列状、侧列-网格状、侧列-放射状、三角形断裂组合样式(图 2.26)。

　　东段主干断层下缓弧、中陡直、上缓弧,下段倾角为 40°～50°,中段倾角为 0°～85°,上段由东向西变为平缓,总体在 0°～ 40°,荆沙组—荆河镇组沉积时期,上升盘为汉水凹陷,为白垩系—新沟嘴组地层相对软弱层使潜北断层与其他次级断层组成了南倾反向断阶。而下降盘处于白垩系—新沟嘴组和潜江组两套盐泥岩层段富集区,具有双层强塑性性质。汉水凹陷为下降盘提供相对远源的物源,细粒砂质成分增加使潜北断层下降盘相对较广,地层相对脆性增强。东段西部平缓弧形断层形成了逆牵引背斜构造。地震剖面上可见潜北陡直断层与塑性地层下拉作用产生单斜,平缓与陡直断层转折处易产生盐泥侵、盐泥拱作用,双层成盐层系尤其是白垩系—新沟嘴组地层塑性作用,使逆牵引背斜抬升,盐泥上拱使上部潭口剥蚀改造,形成了同轴潭口穹窿、帚状次生断裂、马尾式等断裂构造样式(图 2.42)、翼部盐泥墙、盐泥脊、盐泥滚、盐泥丘及伴生次级断层,北西向展布盐泥脊上拱作用还导致了北东向潭二断层及其两翼的平行发散状断裂带和环绕盐泥脊次生断层的产生(图 2.42、图 2.73),形成了斜交、平行网格状的构造样式(图 2.26)。次级断层主要分布在主干断层的顶部和盐泥上、盐泥边。东段东部斜坡上段表现为逆牵引背斜或断背斜受次生断层切割的帚状断裂构造样式、Y 式、花状断裂构造样式等(图 2.74)。

表 2.4　潜北断裂带及下降盘构造样式分布规律简表

区带	断裂构造系统		形成期	形成机制与构造组合
	北西向	北东向		
东段　东坡	N+Q, K₂, Eqj-Ejhz, Ejs, K₂-Exgz, 古生界, 花状构造, 潜北断层	N+Q, Eqj-Ejhz, Ejs, K₂-Exgz, 汉水分枝断层	产生期:荆沙组下段沉积后 主要形成期:荆河镇组沉积后 剥蚀期:新近系+第四系沉积前	燕山中期压扭作用使上升盘产生北东向走滑断裂系统,晚期转为伸展陷期,在其南侧产生坡折,K₂-Exgz沉积主要受汉水断层控制。荆沙组下段形成Y式结构,至荆河镇组产生铲式条件下,潜四段—荆河镇组产生逆冲背斜并为随后引马尾式的次级断裂切割,断裂两盘均产生牵引和逆冲牵引。喜马拉雅中期隆升运动,构造顶部遭受作用较为明显。主要形成了Y式、马尾式、花状构造样式剥蚀
代河	K₂, Ejs, K₂, 古生界, 潜北断层	Eqj-Ejhz, 潜北断层, 汉水分枝断层	产生期:荆沙组沉积时 主要形成期:荆河镇组沉积后 剥蚀期:新近系+第四系沉积前	燕山中期压扭作用使上升盘产生北东向走滑断裂系统,K₂-Exgz沉积受汉水断层目,荆沙组沉积,潜江组、荆河镇组沉积较为强烈,荆河镇组沉积作用强烈,同时说明沉降为强烈作用期,牵引作用下产生复Y式断裂。由于牵引作用使上覆地层产生背斜,断裂顶部遭受剥蚀。喜马拉雅中期,构造顶部遭受剥蚀改造。主要出由于牵引作用产生差异负荷,在潜四亚段产生同轴背斜,丘构造而产生同轴背斜、断裂而产生负反转构造样式。喜马拉雅中期,构造顶部遭受剥蚀改造。主要形成了马尾式、花状构造和负反转构造丘、盐泥丘,花状构造和负反转构造
潭口	Eqj, Ejs, K₂, 古生界, 潜北断层	Eqj, K₂, 汉水断层, Ejs, 潜北断层	产生期:荆沙组沉积时 主要形成期:潜二段—荆河镇组沉积时 构造期:新近系+第四系沉积前	上白垩统—沙市组沉积时期为坡折向断裂坡折带转变带,在潜江组沉积时期,盐沉积后,潜北断裂带产生负荷差异,荆河镇组沉积后,盐泥拱和盐泥层作用强烈,使之在古生界低凸上形成了与盐泥构造有关的丰富的构造组合。主要形成了天窗构造、马尾构造,盐泥丘,盐泥滚动构造样式,潭二断层主要形成于荆河镇组沉积时或之后

表 2.5　潜北断裂带及下降盘构造样式分布规律简表

区带	断裂构造系统		形成期	形成机制与构造组合
	北西向	北东向		
潭口西	（Eqj／Ejs／潜北断层）示意图	（Eqj／Ejs／潭西断层）示意图	主要形成期：荆河镇组沉积期；剥蚀期：新近系＋第四系沉积前	潜四段盐泥沿潜北铲断裂，在底板平缓处塑性流动底辟上拱使上覆地层张裂形成放射性状展布的断裂。主要形成了盐泥脊、放射性状断裂构造样式
中段　蚌湖 1	（Eqj／Ejs／古生界／潜北断层）示意图	（Eqj／Ejs）示意图	主要形成期：荆河镇组沉积后；剥蚀期：新近系＋第四系沉积前	伸展-裂陷作用下，以潜北高角度主断层滑动作用为主，下降盘各个顺向块、顺向次级断层相对滑动期成多个反向次级断块，形成多字结构，同时，也产生了次级 Y 型结构样式。形成了多字型、Y 型、花状构造组合
蚌湖 2	（Eqj／Ejs／古生界／潜北断层）示意图	（Eqj／Ejs）示意图	主要形成期：荆河镇组沉积期；剥蚀期：新近系＋第四系沉积前	在回陷沉降中心，强烈的伸展-裂陷作用下，主断层滑动期，下降盘各个顺向断块对滑动，在深部形成由反向断层转换共同作用期向高角度断裂夹持的断块形成了漏斗状构造，构成了漏斗状、Y 型、花状构造组合
钟市	（Eqj／Eq4／古生界／潜北断层）示意图	（Eqj／Eq4）示意图	产生期：潜四段沉积时期；主要形成期：荆河镇组沉积期；剥蚀期：新近系＋第四系沉积前；负反转期：新近系沉积初第四系沉积期	燕山中期压扭作用使北东向走滑断裂系统，潜江组沉积期，伸展-裂陷作用下，钟市潜北铲式主断层走滑，由浅至深由同向产生于主断层，形成复杂的复合结构—Y 型式，并进一步产生次级断层，潜四段盐泥沿潜西斜坡板滑脱底辟流动回陷底部滚动增厚上拱，使上覆地层局部背斜或断鼻，后缘盐泥减薄抽空产生顺向断鼻、负反转。主要形成了 Y 型、盐泥滚、断鼻、马尾式，花状构造样式

表 2.6　潜北断裂带及下降盘构造样式分布规律简表

区带	断裂构造系统		形成期	形成机制与构造组合
	北西向	北东向		
中段 钟市口	N+Q　Eqj-Ejhz　Ejs　K₂-Exgz　潜北断层	N+Q　Eqj-Ejhz　Ejs　潜北断层	主要形成期:荆沙组沉积早期和潜江组沉积时期	荆沙组沉积早期及之前，北部荆门凹陷与南部潜江凹陷在坡折过渡带的基础上，形成了以潜北断裂为主的上下盘均产生的顺向断阶，各个断层随着进一步形成次级断层构成 Y 型构造样式。潜北组沉积时期，为潜北断裂同生活动时期，表现为以潜北断层为主的一组断裂构造样式，从北东向剖面来看，北东倾向的一组断层沿潜北断层（潜四段底）侧向滑脱—潜覆，为重力滑脱构造。总体构成了顺向断阶和 Y 型构造组合与顺向滑脱构造北东向和北西向切割复合
西段东	N+Q　Eqj-Ejhz　Ejs　K₂-Exgz　潜北断层	N+Q　Eqj-Ejhz　Ejs　K₂-Exgz	主要形成期:荆河镇组沉积时期	荆河镇组沉积时期，潜北断裂向西逐渐消失，总体表现为全式结构，断全北部，也为主控断层，由西向反向 Y 型断裂组成，南部为顺向断阶，潜北断层已弱化为 K₂-Exgz 层系脊式断裂样式，沉积相对北部厚，其间过渡带为坡折带，中部断全在 K₂-Exgz 沉积时期，沉积厚度大，表明与中段断裂之间存在着断裂构造转换带可能性大。北部断裂也表明西部斜坡北部构造转换带存在物源可能性大。北东向剖面显示，K₂-Exgz 层断裂西倾，Eqj-Ejhz 地层盐泥滚属同一滑脱底板
西段西	N+Q　Eqj-Ejhz　Ejs　K₂-Exgz　潜北断层	N+Q　Eqj-Ejhz	主要形成期:荆河镇组沉积时期	荆河镇组沉积时期，潜北断裂向西逐渐消失，潜江组以西倾向断块组构成，潜北断裂层已弱化为 K₂-Exgz 层系脊式断裂样式，断裂带已完全由北西向占主导，Eqj-Ejhz 地层属同一滑脱板板形成的滑脱构造

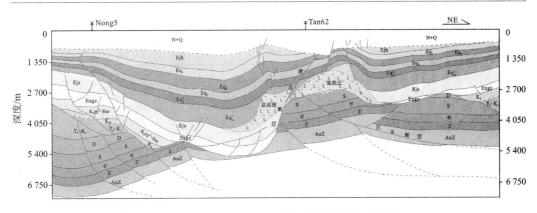

图 2.73　qb560—dp1600 地震地质解释剖面(北西向)

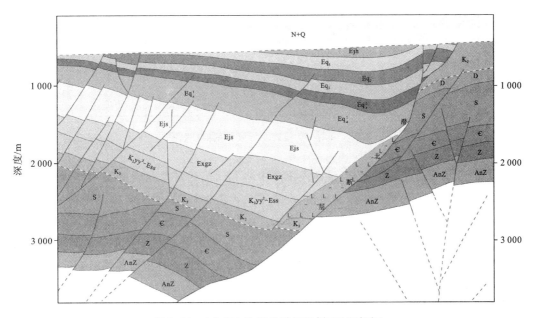

图 2.74　dplp520 地震地质解释剖面(北东向)

中段高陡断裂和相对脆性地层是产生长条紧密多字形网格状次生断裂的主要因素,而鼻状构造和背斜主要是沿断层盐泥刺穿、滑脱型盐泥滚、盐泥丘、盐泥底辟上拱的结果,高陡直断层产生逆牵引背斜可能性不大,该段主要发育 Y 式、多字式、漏斗式、马尾式、花状等断裂构造样式,平面上呈网格-斜列状、侧列-放射状、菱形格子状断裂组合样式(图 2.26)。

中段主干断层倾角陡直,倾角为 $70° \sim 80°$,上升盘乐乡关隆起为古生界相对刚性地层,而下降盘处于凹陷主体为盐泥岩层段富集区,为强塑性性质,上升盘乐乡关隆起为下降盘提供了近缘冲积物源,砂质成分增加使紧邻潜北断层下降盘地层脆性增强,中部沉降中心强烈的沉降作用使下降盘强烈牵引下拉地层产状变陡,下拉和地层沿断面下滑双重作用使紧邻主干断层脆性地层产生次级共轭断层,形成狭长的多字形及漏斗状断裂构造组合(图2.37、图2.75)。

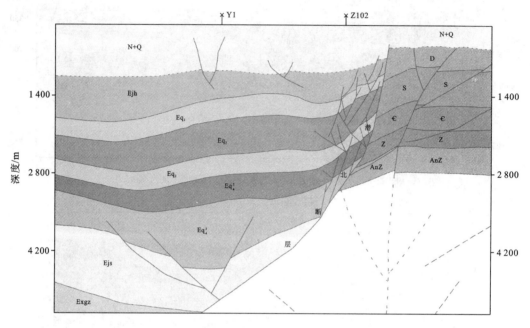

图2.75　dplp620地震地质解释剖面(北西向)

该段东、西部处于斜坡底部,潜四段沉降中心和周缘为富盐泥岩层系,由于埋藏深度加大,在斜坡下段的底板产生差异负荷,产生了盐泥塑性作用,使断裂构造样式产生和加以改造,中段东部,北西向盐泥丘使盐泥上层产生背斜和放射状断裂构造(图2.73),中段西部即钟市断鼻构造,为荆沙组—潜四下亚段盐泥层系沿潜北断裂展布并沿高陡断面侵入,并在重力差异作用下,沿潜四下亚段底板滑脱盐泥滚,形成钟市断鼻构造,并受脆性层多字形网格状断裂切割(图2.37、图2.76)。

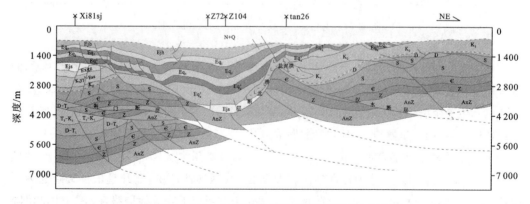

图2.76　qb720—dp1920地震地质解释剖面(北东向)

　　西段为上陡下缓的铲式断层,伸展作用造就了以潜北断层为主,上下盘共同构成的顺向断裂组和正反断阶,对背向次生断裂密度大,向西转化为北倾为主的顺向断层和垒式结构(图 2.28、图 2.30)。潜北断层逐渐消失,西段东、西部之间为典型的背向构造转换带,盐泥构造少,平面上呈帚状、品型状、斜列状断裂构造样式(图 2.26)。

　　西段潜北断层表现为上陡下缓的弧形,由下至上倾角为 $30° \sim 75°$。荆沙组—荆河镇组沉积时期,上升盘为半地堑式结构,是白垩系—新近系地层相对软弱层。剖面显示,潜北断层与其他次级断层组成了南倾反向断阶(图 2.28、图 2.30),向西潜北断裂带逐渐转换为地垒式结构。其中在西段东部的下降盘由荆门凹陷、丫角-新沟低凸起提供近远源的物源,粒砂质成分增加使地层脆性相对增强,南北盘地貌相差相对较小,形成了以潜北断层为主的顺向断阶及其 Y 型构造样式。西段西部处于丫角低凸起与荆门凹陷西缘北西向断层的控制作用,造成了北倾叠瓦状断层为主的地垒式结构,其与中段南东倾向的潜北断裂体系构成了背向构造转换带。区域上,西段处于潜北凹陷的斜坡区,地层脆性增强而塑性性质减弱,表现为伸展环境下形成的正、反向断阶组合和地垒、堑式结构及其次生共轭断裂样式,其中次生断层平直(图 2.28、图 2.30),明显缺少了盐泥塑性地层褶皱作用产生的断裂构造类型及盐泥构造样式。

第 3 章　盐泥构造样式及其分布规律

　　盐泥构造可以由前述六种机制触发引起,为盐泥及其他低密度物质形成的底辟构造。盐岩体的塑性流动和非常规变形是盐泥构造的主要特点(贾承造等,2003),盐岩塑性层有时在几百米深处就可以流动,这主要是与盐的纯度、地温梯度和盐的干湿度等因素有关。一般来说,湿盐比干盐更容易流动。形成盐泥构造需要具备三个基本地质条件:一是存在盐源层,即在沉积盆地内有相当厚度的盐岩及塑性泥岩,较集中分布且面积较大,作为物质基础;二是具有使盐岩"软化"的温度和压力条件,即盐源层要达到一定的埋深;三是一定的构造条件,对下伏盐源层造成相当大的地层静压力差,往往倾斜盐泥底板条件如斜坡、断面等,能为盐泥不均衡受力提供很好的先决条件并能驱使已经"软化"的盐泥发生塑性流动,研究区蚌湖凹陷东、西斜坡及潜北断层断面坡折处盐泥塑性活动尤为显著(Jia et al.,2004)。

　　潜北断裂带下降盘自白垩系以来沉积了大套陆相盐泥地层。根据地震资料解释及钻、测井分析,工区主要存在两组盐源层系,为盐源层。包括白垩系渔洋组上段—古近系沙市组和上部的古近系上始新统潜四下亚段。大量研究表明,盐泥构造与油气藏的存在关系密切,研究区现今构造格局与局部构造样式在很大程度上都与盐泥的后期改造作用有关,如潜北断裂带下降盘王场地区盐泥塑性流动上拱形成的上覆盐背斜构造为油气聚集的有利区带。因此有必要对其盐泥构造样式、成藏特点等进行深入研究,为今后油气勘探与油气藏的研究提供有利依据(戈红星等,1996)。

　　自燕山早中期至今以来,潜北断裂带及其上升、下降盘经历了几次大的构造变动,这几次构造变动导致盆地内部的起伏,凹陷与隆起,断裂上升盘与下降盘之间沉积厚度的差异。上覆地层对其产生的差异负荷作用使下伏盐源层承受了不均衡的地层静压力,这种静压力可以驱使盐泥沿倾斜底板不断向低压的构造高部位流动。因此,一定规模的构造变动及其产生的古构造坡折,是盐泥塑性流动的动力条件(胡炳煊等,1984)。研究表明,潜北断裂带及其下降盘上、下两套盐源层段内部都夹杂有部分泥质、砂质成分,但总体仍表现为很强的塑性性质。大多数盐泥构造及其相关构造都是由这两个断层的盐泥塑性流动上拱形成的(胡望水等,1997),剖面显示形成的盐泥构造中,由于盐岩纯度差异,部分盐核内部可见零星的层状反射特征,但盐泥构造的外部结构及形态清晰可见。根据地震资料解释,研究区由盐泥底辟上拱产生的各种盐泥构造样式主要有盐泥席、盐泥枕、盐泥丘、盐泥滚、盐泥隆、盐泥脊、盐泥墩、盐泥堤、盐泥墙等,以及由盐泥底辟产生的各种相关构造样式丰富(表3.1)。

表 3.1　潜北断裂带下降盘盐泥构造样式及其基本特征表

构造位置		构造样式	基本特征
盐泥拱 ↓ 盐泥隐刺穿 ↓ 盐泥刺穿	盐泥核	盐泥席	塑性作用初期,剖面上盐岩层为宽缓的薄凸镜状,延伸较广泛
		盐泥枕	上凸下平,剖面呈凸镜状,横向上较短延伸
		盐泥丘	上凸下平,剖面上呈凸镜状,横向上展布较宽广,外形呈丘状
		盐泥滚	盐体高耸,顶部浑圆,断层斜坡、坡折处多为发育
		盐泥隆	纵向品型轮廓,顶部光滑,多发育于地层、断层倾斜面
		盐泥脊	向上刺穿变窄,较长延伸的称为盐泥脊,较短可称为盐泥塔
		盐泥堤、 盐泥墩	向上刺穿,高宽比小,顶部圆滑平坦,走向上较长延伸的可称为盐泥堤,较短可称为盐泥墩
		盐泥墙、 盐泥柱	向上刺穿,高宽比大,走向上较长延伸的称为盐泥墙,较短可称为盐泥柱
	盐泥上	盐泥背斜	由于下伏盐岩层的塑性流动上拱,使上覆岩层褶皱变形为背斜形态
		穿窿构造	盐泥侵、盐泥拱使地层局部抬升剥蚀,形成穿窿构造
		同生褶皱	背斜顶部减薄、斜向槽部加厚,盐泥枕周边同生向斜也可称为原始边缘凹陷
	盐泥边	底辟核 相关构造	盐泥底辟核顶部和周边发育的断层,可以是正断层或逆冲断层,向底辟核收敛尖灭
		龟背构造	两刺穿底辟核之间或单个刺穿底辟核侧面的盐上层形成的上凸下凹(平)的透镜状构造
		盐泥边 向斜	是盐泥边构造带的一种主要伴生构造,由盐泥体发生塑性流动后产生物质亏损,上覆地层下凹形成,宽缓圆滑的向斜

盐泥构造一般与油气的聚集关系密切(马新华等,2000),盐泥底辟通常会在盐上层和盐泥核侧翼发育不同的圈闭类型,形成有利的油气储集体;同时盐泥本身也是良好的区域性盖层,对下伏油气藏具有极好的封盖性能;另外,盐泥底辟活动中形成的各种次生断裂,为油气的聚集提供了有利的运移通道。因此,通过地震识别有针对性地开展盐泥塑性流动动力学特点、盐泥构造样式及其分布规律、盐泥构造叠置方式等的分析与研究,已成为目前石油构造学研究和油气勘探的重要领域之一(彭文绪等,2008)。

3.1　潜江组各层盐泥构造样式

根据潜北断裂带下降盘盐岩的沉积、盐泥构造的发育及演化等特征,可将潜四下亚段盐泥的形成划分为四个阶段:孕育阶段、开始活动阶段、强烈隆升阶段和稳定隆升阶段。潜四下亚段沉积期为盐源岩孕育阶段,研究表明,潜四下亚段地层沉积时期为盆地第二次断陷沉积期,由于当时气候十分干燥、水体蒸发快,湖水不断浓缩咸化,沉积了一套厚达2 200 m的泥岩、含膏泥岩、盐岩和碳酸盐岩等组成的含盐层系,为盐泥构造的形成提供了物质基础;潜四上亚段—潜二段的断拗沉积时期,气候渐暖,湖水逐渐上升,沉积范围扩大。潜二段沉积时期为盐泥构造开始活动阶段,渔洋组—沙市组盐源层开始塑性流动,盐泥流上拱,钟市断鼻、王场盐泥背斜开始发育并略具雏形。荆河镇组沉积时期,潜江凹陷沉积地层表现为强烈的断拗沉积,发育一套巨厚的砂泥岩地层,此时渔洋组—沙市组及潜四下亚段的盐泥塑性极强,由压力高值区向低值区或断层破碎带附近发生塑性流动,早期形成的盐泥核背斜、盐泥滚动断鼻等盐泥构造强烈隆升,形成了一系列由盐泥底辟形成的盐泥席、盐泥枕、盐泥丘、盐泥滚、盐泥隆、盐泥脊、盐泥墙、盐泥上穿窿等各种盐泥构造样式。荆河镇组沉积末期,盐泥活动最为强烈,为盐泥的后期改造与定型阶段。

3.1.1　盐泥席

盐泥席为潜四下亚段盐泥塑性作用初期,盐泥产生塑性蠕动的结果。剖面显示,盐岩层底板相对来说较为平缓,盐泥构造形态为宽缓的薄凸镜状,席状延伸较广泛。盐源层上覆地层多见低幅背斜、向斜构造。主要分布在远离潜北断层的地层产状较缓、整体受力较为均衡、差异负荷不大、构造变动影响较小的地区(蚌湖凹陷南缓倾斜坡),为后期盐岩塑性流动上拱的先期形式(图3.1)。

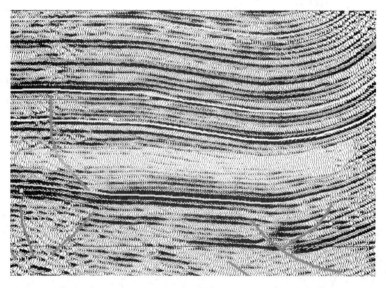

图 3.1　qblp-crossline400 地震解释剖面局部一(北东向)

3.1.2　盐泥枕

地震剖面显示,外部形态为上凸下平的透镜状,横向上延伸较短。向上拱起幅度较小,其上可见由于盐泥上拱产生的张性小断裂。盐泥枕内部聚集大量塑性盐泥地层,中心部位厚度较大,往往两侧迅速变薄。刺穿特征并不明显,为地下深处盐源层小规模上隆而形成的萌芽状态的枕状盐泥构造样式(图3.2~图3.4)。

盐泥枕有时与盐泥隆类似也呈线状排列,但它们是与断层关系不大的枕状体。其成因主要受重力滑动、重力扩展、区域挤压、差异负荷等联合控制。其主要分布于蚌湖凹陷的中部及偏南地区,大部分盐泥枕稳定性较强,形态相对完整。

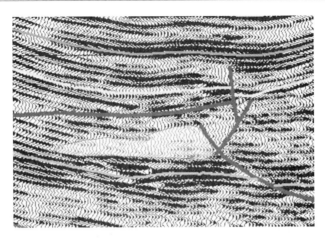

图 3.2 qblp-crossline320 地震解释剖面局部一(北东向)

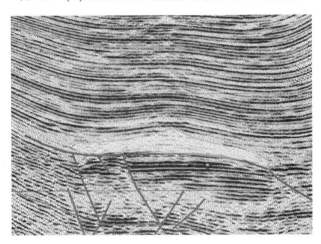

图 3.3 qblp-crossline480 地震解释剖面(北东向)

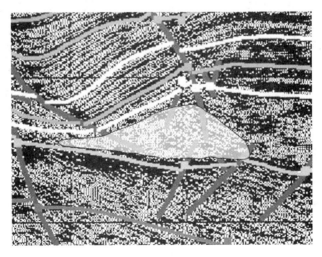

图 3.4 qblp-inline580 地震解释剖面局部一(北西向)

3.1.3　盐泥丘

上凸下平,剖面上呈凸镜状,横向上展布较宽广,是由于盐泥向上流动并挤入围岩,使上覆岩层发生拱曲隆起而形成的一种构造样式,它是一种具有重要意义的底辟构造。据现有地震资料及钻井资料显示的盐泥丘构造多为隐伏盐泥丘,其特点是上覆背斜构造的下部有盐泥体作为核部,核体的形状控制了盐泥上层的构造形态。盐泥核一般呈丘型,故盐泥上层一般为椭圆状背斜构造。核部为地震波组 $T_6^{'}$-T_7 反射层组成,显示出了盐泥丘核部比较厚,而两翼和向斜部位有明显变薄的特点(图 3.5、图 3.6)。

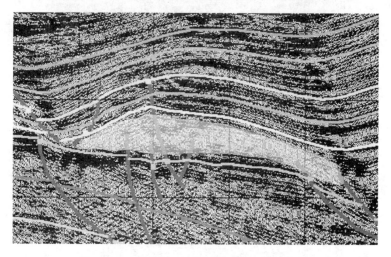

图 3.5　qblp-inline620 地震解释剖面(北西向)

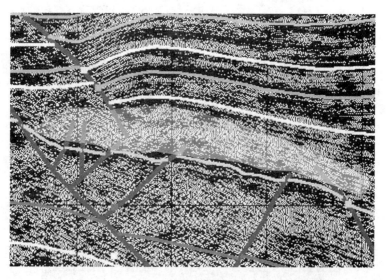

图 3.6　qblp-inline540 地震解释剖面(北西向)

3.1.4　盐泥滚

该构造样式介于盐泥上拱与刺穿、隐刺穿之间,为一种低幅度、不对称的盐泥构造。盐体高耸,顶部浑圆,一翼平缓,另一翼较陡。斜坡、坡折处多发育。该构造样式为重力滑脱、区域应力、差异负荷联合作用的结果,与盐泥层所处的底板条件关系密切。在潜北断裂带中东部紧邻潜北断层附近潜四下亚段盐泥层非稳态分布,随着上覆地层的沉积特别是荆河镇组沉积,由于重力差异潜四下亚段盐泥沿着高陡底板斜坡向下滑动,并形成了盐泥滚构造样式(图 3.7~图 3.9)。根据断层与两盘岩性的配置关系、断层产状与岩层产状及断层活动期与油气运移期等,可重点寻找断层遮挡油气藏、断块油气藏、岩性上倾尖灭油气藏、盐泥封堵等油气藏类型。

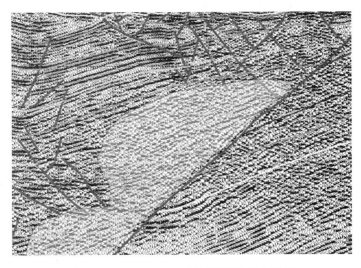

图 3.7　qblp-inline700 地震解释剖面(北西向)

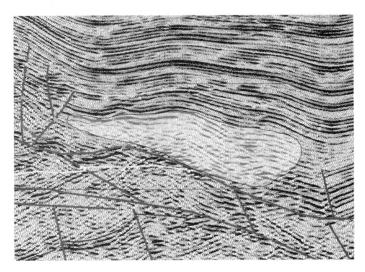

图 3.8　qblp-crossline680 地震解释剖面(北东向)

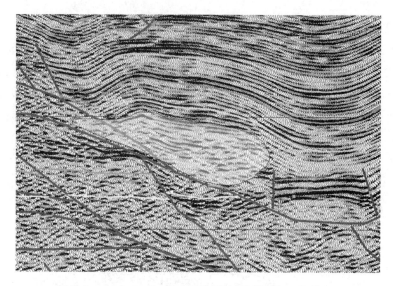

图 3.9　qblp-crossline720 地震解释剖面局部一(北东向)

　　该盐构造样式在蚌湖西斜坡南端陡倾斜坡处及倾斜断面也较为常见,均为重力滑脱、差异负荷与区域应力联合作用的结果(图 3.10、图 3.11)。剖面显示,潜四下亚段盐泥在底板斜坡或倾斜断面的引导下,向下产生重力滑脱滚动作用。盐泥滚使上覆地层明显褶皱,盐泥上背斜、低幅背斜形态明显。靠近生油凹陷处,为油气运移、聚集的有利指向区。

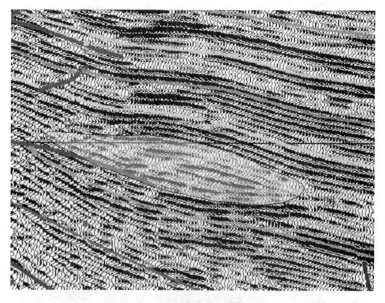

图 3.10　qblp-crossline360 地震解释剖面局部一(北东向)

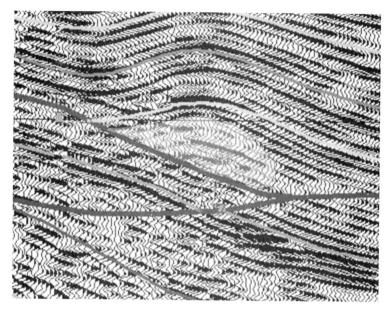

图 3.11　qblp-crossline320 地震解释剖面局部二（北东向）

3.1.5　盐泥隆

纵向品型轮廓，顶面光滑，多发育于地层、断层倾斜面处。在拉张环境作用下，潭口地区上下盘差异负荷和重力不均衡，深部下降盘盐泥沿着潜北断层塑性上拱侵入并刺穿潜北地层进入上盘地层中，在潭口凸起聚集增厚，以断面下古残丘顶面为底板底辟上拱，形成了潭口下伏盐泥隆构造（图 3.12、图 3.13）。

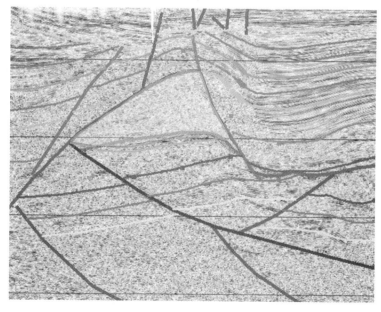

图 3.12　dplp-crossline1600 地震解释剖面局部一（北东向）

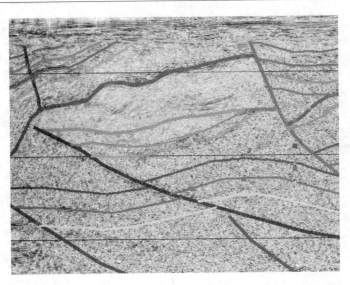

图 3.13　dplp-crossline1840 地震解释剖面(北东向)

3.1.6　盐泥脊

　　走向上,该构造样式下部盐泥核呈长条形的屋脊状,盐泥上层的构造为长垣状或狭长鼻状,次生构造的规模较大,为凹陷之中次一级的构造单元,地震剖面显示在 T_6'-T_7 反射层组中有一个脊状的外形,内部无反射或是弱反射,并且大量出现刺穿现象。潜四段盐泥沿潜北铲式正断层在底板平缓处塑性流动底辟上拱,使上覆地层张裂形成放射状展布的断裂。主要形成了盐泥脊、放射状断裂构造样式(图 3.14、图 3.15)。该类盐泥构造在潭口的西部和东部较为常见。

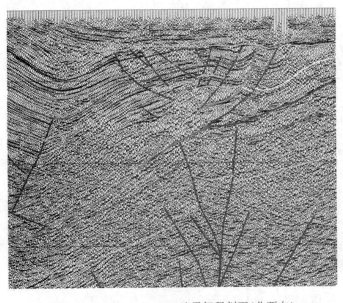

图 3.14　tk3d—inline797 地震解释剖面(北西向)

图 3.15　tk3d—inline1437 地震解释剖面(北西向)

3.1.7　盐泥堤、盐泥墩

沿底板斜坡或倾斜断面处向上刺穿,高宽比小,顶部圆滑平坦,上覆地层褶皱成背斜形态。走向上较长延伸的称为盐泥堤,较短可称为盐泥墩,该构造样式在潭口东翼较为常见(图 3.16、图 3.17)。

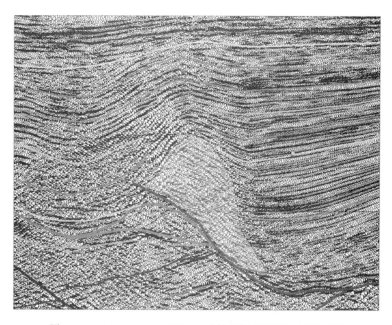

图 3.16　dplp-crossline1520 地震解释剖面局部一(北东向)

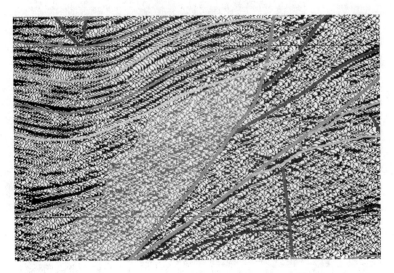

图 3.17　dplp-inline360 地震解释剖面局部一(北西向)

3.1.8　盐泥墙、盐泥柱

　　向上刺穿,高宽比大,是一种具深层盐泥核的延伸很长的背斜构造,盐体呈线状分布。走向上较长延伸的称为盐泥墙,较短可称为盐泥柱。此类盐泥构造样式在潭口西侧、王场地区较为常见,北西走向的盐泥墙在地震剖面上可以很容易地辨别出来(图 3.14、图 3.18)。其附近可形成盐泥封堵、断层遮挡、底辟拱升背斜油气藏、披覆背斜等油气藏类型。

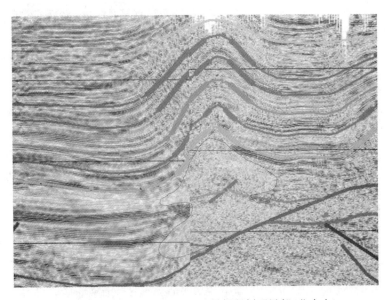

图 3.18　qblp440—dplp1360 地震解释剖面局部(北东向)

3.1.9 盐泥背斜

盐泥背斜在剖面形态上基本是对称的,一般盐岩厚度较大。由于下伏盐岩层的塑性流动上拱,隆起幅度较高,上覆岩层褶皱变形为背斜形态(图 3.19、图 3.20)。盐泥底辟及其伴生的构造圈闭是油气运移的最终归宿,在油气生成、运移之前形成的盐泥构造及其伴生圈闭是油气的理想聚集场所。特别是王场背斜盐泥底辟油气藏即是盐岩层上拱所形成的上覆背斜油气藏。此外,盐泥底辟构造形成和演化中所形成的穹窿背斜、刺穿,以及拖拽力作用下形成的上覆背斜和两翼低角度牵引构造中的砂岩层是油气成藏的有利部位。

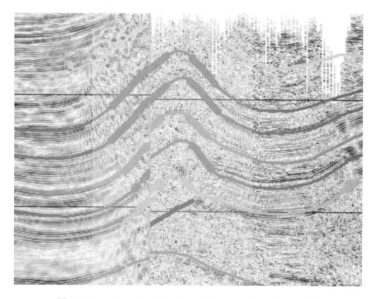

图 3.19 qblp400—dplp1280 地震解释剖面(北东向)

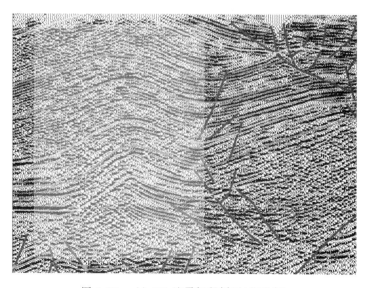

图 3.20 qblp700 地震解释剖面(北西向)

3.1.10 穹窿构造

盐泥侵、盐泥拱使地层局部抬升剥蚀(图3.21、图3.22)。潜北断裂带东段西部在潜北断层上段平缓断面形成逆牵引背斜的基础上,在断面的转折处,断层下盘地层在潜江组、渔洋组—荆沙组双重盐泥作用下,局部遭受隆升剥蚀,形成了后期潭口同轴背斜穹窿。同时,在其周边与其相伴生的各种次级构造样式及断裂样式也是油气运移、聚集的有利场所。该构造样式在潜北断裂带潭口地区最具代表性。

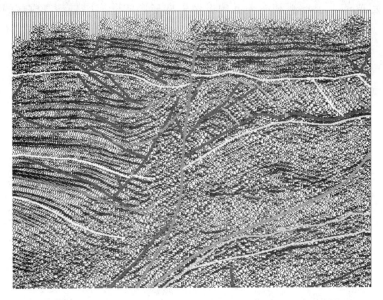

图 3.21 dplp320 地震解释剖面局部(北西向)

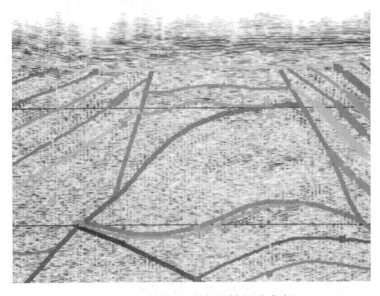

图 3.22 dplp1680 地震解释剖面(北东向)

3.1.11　同生褶皱

盐泥的塑性上拱作用,使上覆沉积的地层出现背斜顶部减薄、斜向槽部加厚的现象(图 3.18)。褶皱两翼倾角一般为上部平缓,往下逐渐变陡,褶皱上部形态一般为开阔褶皱。在背斜的顶部岩层厚度变薄甚至是消失,而两翼岩层厚度有逐渐增大的趋势。褶皱的变形是与沉积作用相伴生的。同生褶皱的形成对油气藏的形成和分布有一定的控制作用。

3.1.12　底辟核相关构造

盐泥底辟作用的过程中,盐泥底辟核顶部和周边发育的一系列断层,可以是正断层或逆冲断层,向底辟核收敛尖灭(图 3.23、图 3.14)。伴生断层平面上为放射状或环状结构。盐泥核周围的地层向上翘起,盐泥核顶部地层向上隆起形成背斜形态,并可能伴生一个复杂的地堑、半地堑断裂系。盐泥构造及其相关伴生构造是油气聚集的有利空间场所,它可以使流体动力系统发生改变,为油气的运移、聚集提供网络通道。

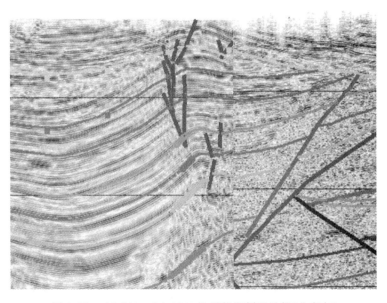

图 3.23　qblp560—dplp1600 地震解释剖面局部(北东向)

3.1.13　盐泥边、盐泥间向斜

盐泥边、盐泥间向斜主要位于盐泥构造的两翼,是由于盐泥的流动、抽空导致上覆层下凹而形成的,是盐泥边构造带的一种主要伴生构造,盐泥向上刺穿或是隐刺穿在围盐中引起强烈的变形,围岩上翘,盐泥核上部地层被拱起,形成背斜构造。盐生长时盐源层从周围向一侧或两侧盐泥核供给盐岩,使附近盐源层的厚度减薄,造成周围地层下陷,形成宽缓圆滑的盐泥边或盐泥间向斜构造(图 3.24、图 3.25)。其中盐泥边向斜在潜北断层下降盘中东段、潭口东西两侧及钟市地区较为常见,盐泥间向斜构造在潭口南侧低伏古残丘凸起上部较为常见(图 3.26)。

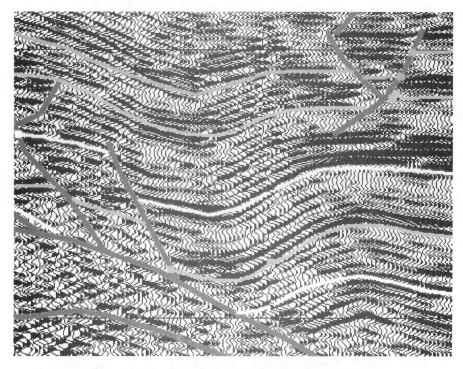

图 3.24 qblp-crossline720 地震解释剖面局部二(北东向)

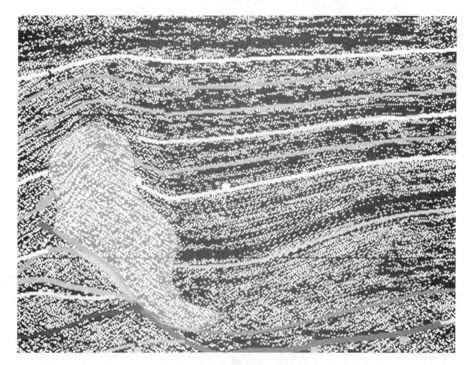

图 3.25 dplp-crossline1520 地震解释剖面局部二(北东向)

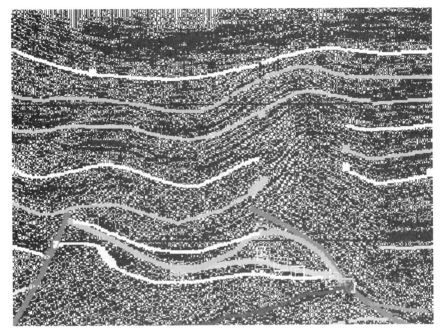

图 3.26　dplp-crossline1520 地震解释剖面局部三(北东向)

3.2　渔洋组—荆沙组盐泥构造样式

　　潜北断裂带下降盘自白垩系以来沉积了一套陆相砂泥岩及膏泥盐地层。其中渔洋组上段—沙市组含盐最为丰富,这些膏泥岩地层是下降盘内各种盐泥构造的主要盐源层。平面上岩性、岩相变化较小,在地震剖面上渔洋组—荆沙组盐源层外部反射特征主要为丘形,内部反射杂乱或空白反射,其反射频率高于围岩,部分可见到明显的围岩上超。由于盐上层是一套以砂泥岩为主的地层,相对较脆,有刺穿的盐泥构造样式出现,伴随底辟产生的各种盐上样式丰富,构造较为复杂,各种构造样式与盐泥层厚度、分布及底板条件、断层的交切方式有关,对早期构造的后期改造作用较为明显,对油气的聚集起着十分重要的作用。

3.2.1　盐泥席

　　与潜江组盐泥席构造样式一样,渔洋组—荆沙组盐泥席同样具有类似的形成条件和分布范围,潜北断裂下降盘内主要分布于蚌湖凹陷南部平缓斜坡处,以及凹陷内部盐泥受力较为均衡的地区。此种类型的盐泥构造为盐泥未变形或是轻微变形的结果,与上下地层呈平行整合接触或微不整合接触,岩层内由多个较连续或不连续、呈平行或亚平行结构、弱到较弱振幅的相位组成。由于受到区域构造整体升降的影响或是沉积环境的影响,该盐泥构造表现为区域性倾斜,上翘方向一侧多以断层和不同岩性的围岩接触,横向上因受物源或是塑变条件的影响常伴有较为明显的相变,与围盐多呈尺状或是弧形曲面接触(图3.27、图 3.28)。

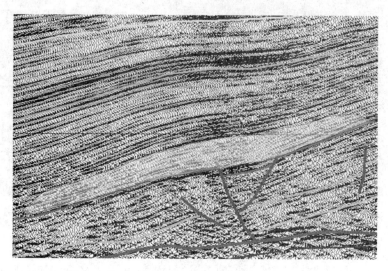

图 3.27　dplp-crossline1440 地震解释剖面(北东向)

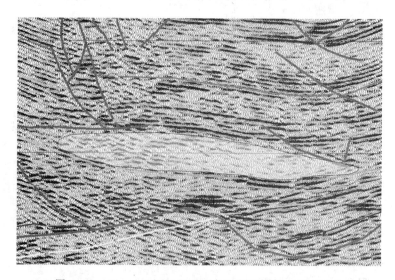

图 3.28　qblp-crossline400 地震解释剖面局部二(北东向)

2.2.2　盐泥枕

盐泥枕主要发育在盐岩变形早期或盐源不是很充足的变形较弱的地区,在上覆差异负荷或其他作用下,盐岩首先变形为低幅度的盐泥枕形态。在盐流方向上受封闭断层或上覆地层阻挡产生盐的局部集中,形成盐泥枕。从时间上讲,这种现象发生在盐泥席形成之后,由于盐岩的塑化程度有限,盐流无法顺层向构造高部位运移而形成枕状盐泥富集。由于没有发生刺穿作用,盐泥枕只表现为盐源层岩层的局部加厚,而没有破坏地层的层序,三维地震剖面上比较容易识别,可见反射波组朝断层面的低头弯曲,盐泥枕内部反射杂乱,盐上层可见零星散射状的小断层,为底部平缓、顶部低幅度弧形(图 3.29、图 3.30)形态。平面上为圆形至椭圆形态。

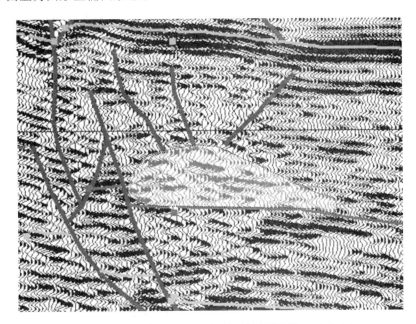

图 3.29　qblp-crossline400 地震解释剖面局部三(北东向)

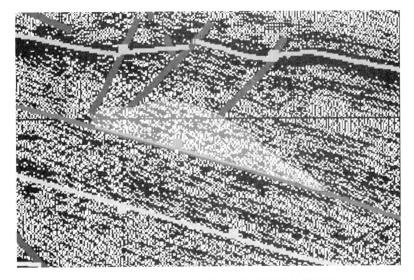

图 3.30　qblp-inline580 地震解释剖面局部二(北西向)

3.2.3　盐泥丘

　　盐泥丘在平面、剖面上形态各异,有圆形和椭圆形,也有狭长形或不规则状等形态。盐泥丘内部在地震剖面上为杂乱反射或是无反射,而围盐反射相对较好,到盐泥丘部位反射终止。潜北断裂带下降盘盐源层系往往存在着大套盐、泥、膏相互混杂的现象,局部地区地层很难对比,实为盐泥构造。研究区盐泥构造并不代表由盐泥塑性流动,揉皱完全成为塑性整体,虽然其内部结构可能携带有较为薄层的砂岩层、泥岩层及其互层,但其总体表现为塑性性质。渔洋组—荆沙组盐泥构造在地震剖面上内部可见部分层状反射特征,但外部结构总体为丘状或底平透镜状结构(图 3.31、图 3.32)。

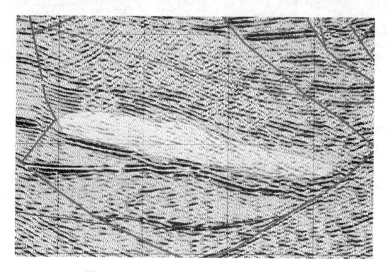

图 3.31　qblp-inline660 地震解释剖面局部

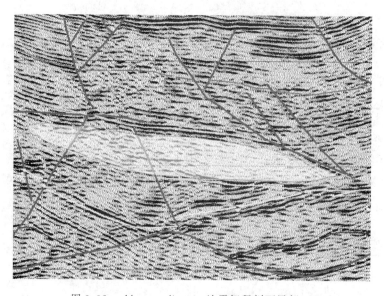

图 3.32　qblp-crossline360 地震解释剖面局部二

3.2.4　盐泥隆

　　北西向剖面显示,潜北断层上升盘地层产状陡倾,差异负荷造成局部地层滑脱,在下降盘盐泥上拱侵入的情况下,潜北断层附近产生了深层挤压环境,盐泥在其附近上升盘处聚集并上隆进而在潜北断层前缘形成了盐泥隆构造(图 3.33、图 3.34)。北东向剖面显示,盐泥沿高陡断面上侵并汇聚于潭口下伏白垩系地层中,使上覆潜江组逆牵引背斜原型抬升接受局部剥蚀。平面上表现为穹窿形态,剖面上,与上覆新近系+第四系组地层呈明显的角度不整合关系。

图 3.33　tk3d—inline1117 地震解释剖面

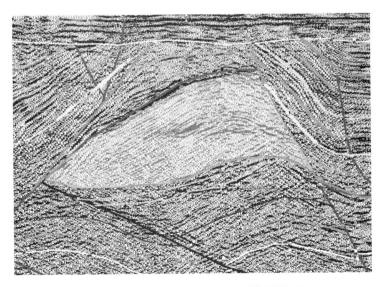

图 3.34　dplp-crossline1720 地震解释剖面

3.2.5　盐泥脊

　　渔洋组—荆沙组盐泥沿潜北铲式正断层,在底板平缓处塑性流动底辟上拱使上覆地层张裂,剖面显示,顶部沉积层中发育放射状断层或复合分支式断层,常常组成"塌陷地堑"式等结构,这是垂直应力释放作用的结果。主要形成了盐泥脊、放射状断裂构造样式(图 3.35、图 3.36)。该类盐泥构造在潭口的西部和东部较为常见,上覆地层记录了盐泥沉积后的各种地质事件,它对识别盐泥构造运动的时间和方式起着关键性的作用。

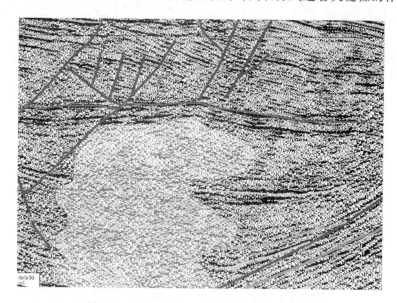

图 3.35　dplp-inline360 地震解释剖面局部二

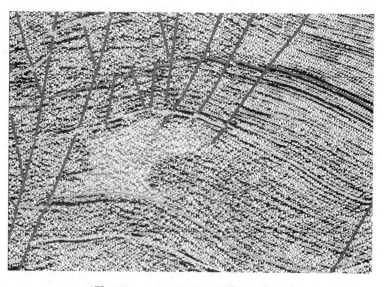

图 3.36　dplp-inline440 地震解释剖面

3.2.6　盐泥堤、盐泥墩

　　该种类型的盐泥构造样式主要见于潭口东翼坡折处,盐泥核由高塑性、低密度的盐泥(含泥岩、膏岩等)组成,常为复杂的塑性上拱变形;上覆岩层拱起形成穹窿或是短轴背斜,盐核周围地层因盐泥核上升而被拖拽成翘状。盐泥核内部波形杂乱,无明显连续同相轴甚至空白,翼部反射轴明显上翘(图 3.37、图 3.38)。盐泥核上构造及周围上翘地层可发育较好的油气圈闭。地震剖面上,北西向盐泥墩构造样式清晰明显,北东向盐泥构造线走向可见盐泥墩相连形成的盐泥堤构造样式,其中断面的坡折为盐泥的上侵、刺穿提供了良好的孕育条件。

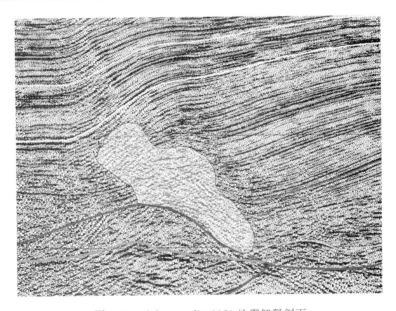

图 3.37　dplp-crossline1320 地震解释剖面

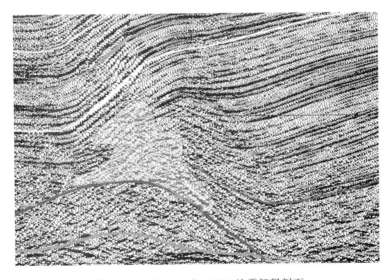

图 3.38　dplp-crossline1360 地震解释剖面

3.2.7　盐泥墙

此种盐岩类型为盐岩沉积后流动的产物,轮廓清楚,大多表现为刺穿围盐或围盐超覆于盐岩之上。盐泥构造因受断层断坡控制,北西向在几何外形上为一盐泥墙,在剖面上为一侵入式顶面圆滑的面,是形成于盐体上覆地层中的断层或裂缝向下直通盐体内,岩体内的高压盐流顺着这些断层或裂缝上侵后重溶再结晶而形成的(图3.18)。一般分布在次洼斜坡和水动力活跃的断层及伴生裂缝中,在潜北断裂带东段西部的潭口凸起西翼较为常见。

3.2.8　底辟核相关构造

地震剖面显示,盐体隆起比较明显,底辟核顶部发育一系列正断层,盐源层厚度大的地区,往往有较厚的盐层供给盐核生长。盐泥上拱的过程中,可能引起围岩强烈变形。盐泥核周围地层向上翘起,盐泥核顶部地层向上隆起形成背斜,并可能伴生一个复杂的地堑断裂系。而在圆形的盐泥丘上,多形成放射状断层,延伸距离较小(图3.36)。但有的情况下,工区内也会出现盐泥丘,虽然上隆刺穿,但围岩的变形并不强烈,盐上层断裂并不是很发育,这可能是因为在盐泥丘生长时盐泥核和围岩的黏度较低且比较接近,加之上覆岩层由于受沉积环境、物源供给及构造运动差异的影响,上覆沉积地层塑性成分所占比例相对较大所致。盐泥底辟伴生的构造圈闭将是流体运移的最终归宿。在油气生成之前形成的与盐泥构造相关的构造圈闭,将是流体运移和聚集的理想场所。这在含盐类型的盆地中尤为重要。底辟核上层可形成盐泥上背斜型圈闭、断层遮挡型圈闭及盐体两侧盐体遮挡型油气圈闭等。

3.2.9　龟背构造

两刺穿底辟核之间或单个刺穿底辟核侧面的盐上层形成的底面平缓、中央较厚岩层顶部成弓形弯曲的立状构造。其上易发育拱形圈闭(图3.39)。

总体而言,潜北断裂带下降盘盐泥构造样式种类繁多,形态各异。盐泥构造的形成必然伴随着流体的活动,盐泥构造和流体构成了一个有机的反馈系统。因为有盐泥的存在,流体才更具特色。对于流体运动,盐泥构造不仅影响了流体的动力系统,而且提供了流体流动的通道网络,限定了流体的流动域。同样,对于油气的运聚而言,盐泥构造不仅提供了油气运移的通道,还提供了丰富的圈闭样式。不仅可以形成多种类型的构造圈闭,在其侧翼还可以形成各种隐蔽圈闭,从而为油气的聚集奠定基础;盐泥还具有极好的封闭能力,从而能为油气聚集提供良好的封盖条件。此外,盐泥底辟核周围还容易产生热异常,从而影响油气的生成、运移和成熟度。因此,通过对盐泥构造样式及其分布规律的研究,可更好地认识含盐盆地的流体活动及油气运聚规律,为含盐盆地的油气勘探提供重要的依据。

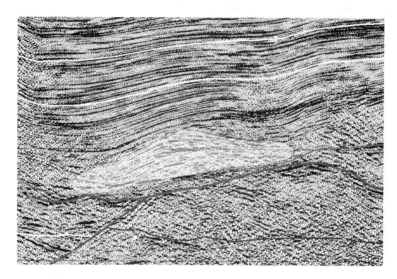

图 3.39　dplp-crossline1600 地震解释剖面局部二(北东向)

3.3　盐泥构造样式的展布规律

　　潜北断裂带上下盘盐泥构造主要是在区域拉伸的背景下形成的。伸展盆地盐泥构造的盐岩层在张应力、差异负荷、重力滑脱、热对流等作用下发生流动而影响上覆层的构造发育,形成各种类型的盐泥构造,如盐泥席、盐泥枕、盐泥丘、盐泥滚、盐泥隆、盐泥脊、盐泥堤、盐泥墙等(Jackson et al.,1986)。整体来讲,盐泥分布非常广泛,但各个地区的盐泥构造既相互联系又有各自独特的规律。主要表现在成盐时间、盐湖的水化学类型、盐泥沉积的共生组合和厚度等方面,这些差别主要是受先期沉积古构造面貌、后期构造运动、湖盆的发展演化、物源供给及盐泥构造样式发育的底板条件等因素综合影响的结果。根据构造演化规律、成盐旋回期次、盐泥的发育程度、地质构造特点及盐泥构造样式所处的地理位置,本书总结了潜北断裂带下降盘盐泥构造样式的展布规律。整体来讲,研究区潜江组、渔洋组—荆沙组盐泥构造样式的展布分别具有“五带”和“四带一区”的特点(图 3.40、图 3.41)。

3.3.1　潜四段塑性变形区及盐泥构造展布

　　潜北断裂下降盘潜江组属于典型的盐湖沉积,含盐地层厚度大。潜四上亚段及上部地层盐泥韵律发育。潜四下亚段发育巨厚的盐源层系,由于盐岩厚度较大,在构造应力和塑性流动的共同作用下发育了一系列的盐泥构造。盐泥塑性流动的过程中总是由高压区向低压区流动,在其流动的过程中如果遇到沉积岩层的薄弱带或利于上侵的底板条件,盐泥就可以上侵拱起,形成相应的构造样式。潜四下亚段沉积前古地形的明显起伏以及潜四下亚段沉积时的强烈断陷作用,使得凹陷的隆、凹分割性较强,盐泥分布较集中,厚度及

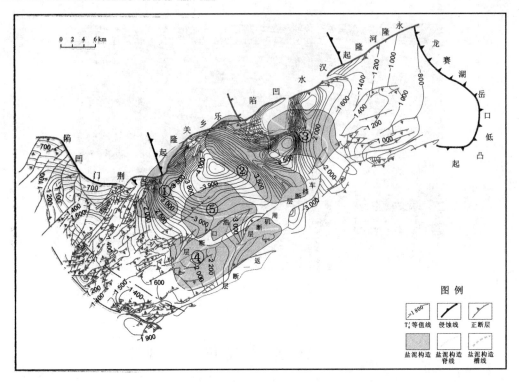

图 3.40　潜北断裂带下降盘潜四段塑性变形区及盐泥构造分布图

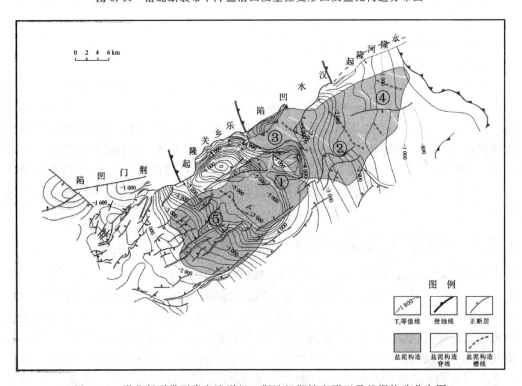

图 3.41　潜北断裂带下降盘渔洋组—荆沙组塑性变形区及盐泥构造分布图

埋深较大,地层结构具有明显的不均衡性。为后期盐泥的上拱刺穿提供了先决条件。同时潜江组上覆地层整体上为一套盐泥夹砂泥岩地层,刚度较低,在后期应力场等因素的作用下,形成了一系列与之相关的盐泥构造样式。其中底板条件的不同(盐泥所处构造位置不同)也会对盐泥构造样式的形态及发育程度产生很大的影响。

研究区潜四段盐泥构造带主要分布于环绕蚌湖凹陷沉降中心的斜坡转折带,呈环形和北西向展布,主要包括"五带":①钟市盐泥滚构造带;②王场盐泥墙-盐泥脊构造带;③泽口盐泥堤构造带;④高场盐泥滚-盐泥丘-盐泥枕构造带;⑤光明台盐泥枕-盐泥席构造带(图 3.40)。潭口和西翼的盐泥侵所形成的盐泥刺穿构造较普遍。

1. 钟市盐泥滚构造带

该构造带位于潜北断裂带下降盘中段钟市及其以西的区域。构造方位上位于蚌湖凹陷西斜坡与潜北断层高陡断面附近,为盐泥滚动上侵最为活跃的部位,先存的底板条件为盐泥的进一步发育提供了优越的条件。潜江组沉积时期,强烈的伸展-裂陷作用下,钟市高角度铲式主干断层向下滑动,上覆沉积地层随着断层的下滑,在强烈的正牵引作用下,潜江组地层强烈下拉为钟市单斜构造,并产生顺向马尾式断层。荆河镇地层沉积时期由于上覆地层的不断增厚,潜四下亚段盐泥地层负荷逐渐增大,尤其是对于蚌湖西斜坡上盐泥来说,更容易造成差异负荷,沿着斜坡在重力作用下产生顺坡的重力滑动,形成盐泥滚构造。该构造对先期形成的钟市单斜进行改造,使钟市单斜局部上拱抬升形成了钟市断鼻。与此同时,沿潜北铲状断面盐泥在受力不均的情况下向上沿着潜北断层面与西斜坡面侵入,进一步促进了盐泥滚的发育与钟市断鼻的形成。总体来说,该构造带为蚌湖西斜坡折靠近潜北断层一侧及钟市一带,盐泥底板倾斜,加之差异负荷与重力滑脱的共同作用,为最适合产生盐泥滚的构造环境,是盐泥滚的多发地带。

2. 王场盐泥墙-盐泥脊构造带

该构造带轴面走向为北西向,盐泥上拱构成北西向盐泥墙条带。整体来讲,盐泥底板环境为蚌湖凹陷的东斜坡转折处,随着上覆地层的不断沉积,坡面上造成的差异负荷不断增大,荆河镇组沉积时期在上覆岩层的重力作用下,盐泥在东斜坡上差异受力,使盐泥沿坡面上拱隆升,进而造成盐泥上背斜构造。王场背斜底部潜四下亚段盐源层厚度明显增厚,横向上不稳定,反映盐泥上拱塑性流动。此时盐岩塑性极强,在倾斜断面的引导下,向埋藏浅、压力较低的地层发生塑性流动,形成盐泥核上层背斜、盐泥脊构造。

3. 泽口盐泥堤构造带

泽口盐泥堤构造带主要分布于潭口东南侧,位于三河场凹陷的西斜坡上,构造带整体处于燕山中晚期乐乡关隆起剥蚀古残丘东缘。该区盐泥堤构造成因整体与潭口西侧王场盐泥墙-盐泥脊构造带相似。盐泥底板同样为凹陷的斜坡面,但该构造带地层产状整体较蚌湖东斜坡平缓,该区整体处于潜江凹陷东缘,潜四段以上沉积地层相对盆内较薄,对下伏潜四下亚段盐泥层差异负荷作用相对潭口西翼的王场地区弱。荆河镇组沉积时期下伏盐泥受地质应力及差异负荷产生的重力差的作用,沿断层倾斜面上侵隆升。荆河镇组沉积之后,盐泥构造经过形成与改造后,区域显示北东向为一盐泥墩构造形态,北西向沿坡面展布成一盐泥堤构造条带。

4. 高场盐泥滚-盐泥丘-盐泥枕构造带

该构造带主要位于蚌湖凹陷西斜坡南端,高场-周矶一带。其中,在蚌湖西斜坡南端潜四下亚段盐泥层处于底板倾斜的地层中,类似于钟市西坡盐泥滚,在上覆岩层重力作用下所产生的差异负荷作用,使下伏盐泥层在地壳引张拉伸、重力作用与差异负荷联合作用下沿斜坡向下滚动,使上覆潜江组地层接受后期改造,形成背斜局部断鼻的构造形态。盐泥滚构造是在荆河镇组沉积时期上覆地层边沉积、边拱升、边沉降、边断裂、边褶皱的地质构造背景下形成的。剖面显示为盐泥滚构造,此类构造的底板产状条件具有明显的上部相对陡倾下部相对平缓的特点。周矶地区,潜江组下伏地层倾伏程度整体平缓,地层整体埋藏较浅,其中在蚌湖凹陷南坡上部地层平缓,坡角梯度变化较小,上覆地层对下伏潜四段盐泥产生的重力负荷强度较小,盐泥顺底板上倾方向或断层断面(周矶断层)上倾方向局部上拱形成盐泥丘、盐泥枕构造。局部可见到盐泥席发育,为盐泥初期塑性蠕动变形的结果。

5. 光明台盐泥枕-盐泥席构造带

该构造带整体位于蚌湖沉积中心偏南缓坡上。潜江组下伏地层整体平缓,坡角梯度不大,早期的底板条件和盐泥富集方位,决定了潜四下亚段盐泥层受力整体较为均衡,不利于产生较大差异负荷而形成盐泥拱等隐刺穿或刺穿式的盐泥构造样式。该区带由于埋藏较深,达到了盐泥塑性流动的条件,下伏盐泥在高温、高压与重力差异的情况下,发生盐泥流动上拱,形成了盐泥枕构造样式。此外,盐泥席构造样式分布广泛,为盐泥塑化蠕动的结果,此种盐泥形变对上覆地层的后期改造作用不大。

总体而言,潜江组盐泥构造在潜北断裂带中段主要围绕蚌湖凹陷斜坡环绕展布,盐泥构造脊线整体为环绕斜坡坡面走向延伸。在潜北断裂带东段东部,主要沿三合场西斜坡展布,纵向上形成了北西向的盐泥堤构造。随坡角的变化整体展现了盐泥滚-盐泥墙-盐泥堤-盐泥丘-盐泥脊-盐泥席的递变规律。潜江组盐泥构造主要为两组北东向向南突出的弧形展布,分布在沉积中心两翼上倾斜坡转折带和乐乡关剥蚀古残丘(北西向)东侧即潭口东南三合场凹陷西斜坡处,其形成期主要在荆河镇沉积时至新近系＋第四系沉积后。

3.3.2　渔洋组—荆沙组塑性变形区及盐泥构造展布规律

渔洋组—荆沙组下段地层沉积时期,基本表现为北盘的特点,为东、西两个断陷,由乐乡关隆起古残丘向东南延伸带分割,荆沙组上段及以上地层连为一体,在凸起区及其坡折可见盐泥构造并刺穿。渔洋组—荆沙组盐泥构造带主要分布在下降盘中段和东段沉降中

心两侧的斜坡转折带上,为四组北西走向展布的盐泥构造线,与凹陷走向一致,主要为"四带一区":

①王场盐泥丘构造带;②泽口盐泥丘构造带;③潭口盐泥隆区;④东部斜坡盐泥席构造带;⑤高场-光明台盐泥枕-盐泥席构造带。以潭口盐泥隆为中心,可见盐泥上侵所形成的盐泥刺穿构造普遍(图 3.41)。

1. 王场盐泥丘构造带

该构造带总体上为一长轴呈北西向展布的盐泥丘条带,主要分布于蚌湖凹陷东斜坡。在上覆重力和岩层密度差的作用下,盐泥塑性地层发生流动上拱、集中,同时使上覆地层产生拱张,产生宽缓的低伏背斜构造。从宏观特征上看,斜坡地层产状较陡,盐泥底板呈一定角度的倾斜,上覆地层沉积到一定时期、一定厚度时较容易形成差异负荷,并使下伏盐泥受力不均。盐泥核部呈丘状特征,向上刺穿能力不强。盐泥丘轴面走向沿斜坡转折带处呈北西向展布。

2. 泽口盐泥丘构造带

该构造带主要沿三合场凹陷西斜坡展布。在差异负荷与断层引张的作用下,渔洋组—荆沙组盐泥层整体沿代河段层上倾断面侵入上拱形成了盐泥墩构造,沿断面走向,盐泥墩高点连线组成了北西向盐泥堤构造。其中,在潭口地区盐泥强烈上侵刺穿断层上盘地层,并在潭口聚集加厚,形成了潭口凸起。该区带上倾的断面为盐泥的上侵提供了很好的构造环境,下伏倾斜地层为盐泥层的差异负荷提供了塑性流动的底板条件。

3. 潭口盐泥隆区

潭口盐泥隆区盐泥塑性改造作用强烈,在潭口西、南、东翼均由盐泥底辟上拱或刺穿,盐泥流体在潭口聚集上隆形成盐泥隆构造。此外,潜北断层上升盘地层在重力作用下,沿汉水断层向下滑覆,同时渔洋组—荆沙组的盐泥塑性蠕动、侵入,使潜北断层潭口下伏地层增厚。与此同时,潭口西侧、东侧和南侧盐泥分别沿斜坡或倾斜断面上拱,使盐泥流在潭口低势区聚集定型,从而形成了潭口盐泥隆区。尤其是潭口西南侧潭口周围,渔洋组—荆沙组盐泥上侵强烈,对于潭口凸起的后期隆升改造也产生了很大影响。

4. 东部斜坡盐泥席构造带

该构造带主要分布于工区东部的张港斜坡区。该区地势变化整体平缓,坡度相对较小,地层坡角梯度变化较小。由于此构造带处于凹陷边缘,盐泥层系相对分布较薄,上覆沉积地层对下伏渔洋组—荆沙组盐泥产生的差异负荷作用不太强烈,盐泥地层在受力不均衡的情况下,发生了塑性形变,但塑化程度不高,盐泥流只表现为沿斜坡发生塑性蠕动的状态,地层明显缺少盐泥塑性的影响。斜坡区可见盐泥高点呈北西向展布的盐泥席构造,局部地区可见到盐泥流动产生的盐泥枕构造。

5. 高场-光明台盐泥枕-盐泥席构造带

该盐泥枕-盐泥席构造带主要发育于蚌湖凹陷东南西坡处。区域地理位置离蚌湖沉降中心较远,斜坡坡角较张港地区斜坡陡,坡角梯度变化相对较大,渔洋组下伏底板地层倾角由斜坡外缘向内逐渐变大,在上覆地层沉积作用下,随着上覆岩层负荷的增加,底板上覆的渔洋组—荆沙组盐泥层处于非稳态的状态,潜江组—荆河镇组沉积时期由于上覆差异负荷使盐泥层受力不均衡进而沿斜坡向上或地层疏松的低势区塑性流动,形成盐泥枕、盐泥席构造。其中,由于差异负荷程度不同,在斜坡边缘盐泥不均衡受力程度较内侧弱,盐泥席构造较为常见,斜坡内侧盐泥枕发育居多。

总体而言,渔洋组—荆沙组盐泥构造带在潜北断裂带中、东段分布广泛,但也体现出了很强的规律性。盐泥在不同的底板条件下,产生的盐泥构造也有所不同。盐泥构造条带走向大致为北西向,分别分布在潜江凹陷的东、西斜坡及潭口东、西两翼的斜坡带。盐泥构造有沿坡面发育的特征,底板条件与不均衡受力程度决定了渔洋组—荆沙组盐泥丘-盐泥枕-盐泥席的构造条带分布情况。表明盐泥构造的产生为沉积古地理环境、构造运动、差异受力与盐泥底板条件综合作用的结果。

3.3.3　潜江组、渔洋组—荆沙组叠合盐泥构造展布规律

总体来讲,潜北断裂带下降盘发育两套成盐层系,在构造应力、差异负荷、重力滑脱、浮力等因素的作用下,潜江组和渔洋组—荆沙组两套富含盐泥层段均产生了不同程度的塑性形变,几乎包括了拗陷盆地中的所有盐泥构造类型和样式,其中潜四下亚段、渔洋组上段、沙市组下段盐泥构造幅度大、类型多,盐泥底辟上拱、刺穿形成了众多伴生的局部构造样式,不仅如此,盐泥沿断面上侵对潜北断裂带控制的局部构造的形成和改造以及盐泥侧向侵入古生界地层,是该区盐泥塑性作用的一大特色。主要表现如下规律(图3.42)。

平面上,在中段,盐泥构造主要环绕蚌湖凹陷展布,构造脊线表现为斜坡转折带内、外两组。其中在潜北断裂带东段,盐泥构造脊线有四组,主要分布于乐乡关隆起向东南延伸的北西向古残丘两侧,盐泥构造带与汉水凹陷展布方向基本一致,为一北西向构造条带。

纵向上,以潭口凸起为中心盐泥构造向东、西斜坡展开。在潭口凸起,潜江组和渔洋组—荆沙组盐泥构造混合上侵刺穿的复合构造较为普遍。以穹窿、盐泥隆、古生界残丘三层叠置的构造组合为核心,向东沿斜坡上倾方向,由盐泥脊-盐泥丘-盐泥席呈北西向带状分布,形成了与之对应的一系列盐泥边向斜-龟背构造及其低幅背向斜构造带;向西沿斜坡上倾方向,由盐泥墙(盐泥柱)-盐泥脊-盐泥滚-盐泥丘-盐泥席呈北西弧形状分布,形成了对应的盐泥间向斜-盐泥上背斜-盐泥边向斜-低幅背、向斜带。总体向两侧的斜坡高地,盐泥构造规模逐渐减小。而在高场,主要表现为上下两套盐泥共同上拱叠加的构造组合。

盐泥构造发育的层段主要在潜四下亚段和渔洋组—荆沙组大套发育的盐泥岩层系中,渔洋组—荆沙组盐泥构造主要分布在东段,而潜四下亚段盐泥构造主要发育在中段,

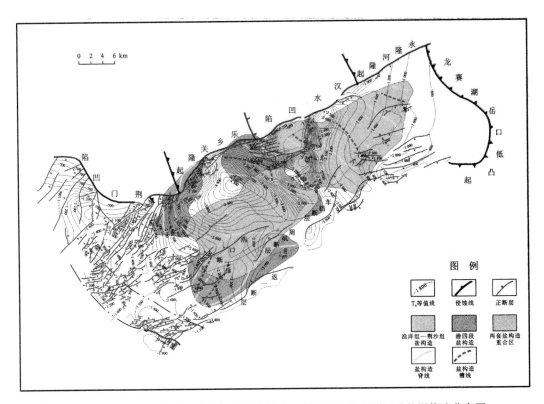

图 3.42　潜北断裂带下降盘潜四段与渔洋组—荆沙组塑性变形区及盐泥构造分布图

潭口凸起具有多套盐泥构造组合、复合、叠加的特点。总体来讲,研究区盐泥构造类型、构造样式丰富多变。两套盐泥层系纵向叠置,横向分区段展布;各自形成的盐泥构造样式复杂而又具有特定的展布规律。

第 4 章　构造组合与构造复合

复合构造表现为两种及其以上的构造样式叠加在一起的复杂构造,既可以反映为相同应力环境下持续作用产生的不同构造的叠加,也可以表现为不同时期和阶段构造应力环境中产生的叠加构造。早在 20 世纪 60 年代李四光提出了复合构造的基本概念,特别是地质构造理论的问世与动力学及其运动学的兴起,使复合构造理论和研究方法得到进一步发展。复合构造在岩石圈中普遍存在,主要揭示了多期次多阶段构造变形特征。潜北断裂带上、下盘由于受到多期构造运动的影响,复合构造样式极其普遍且多样,因此分析和总结复合构造样式,有助于研究该区构造变形特征和变形过程,而且复合构造本身也揭示了构造控油的复杂性(Chen at al.,2004)。

构造组合则是各类局部构造样式相互联合在一起,表现为在每一构造带中各个局部构造的相互关系,局部构造类型与构造的动力学、运动学异同性有关,潜北断裂下降盘存在各种局部构造原型的形成与盐泥塑性运动改造两个主要阶段。构造组合反映了在同一构造运动阶段不同构造单元里的变形特征,但相互关联,由于构造动力学理论和实践的深入,构造组合同样反映了不同构造运动期次构造形成的先后次序。这有助于研究构造形成的递进规律和有利的控油构造型式及控油因素的合理配置关系,分析各个油气地质要素的有效性。

研究区潜北断裂带及其上、下盘的构造格局主要是中新生代多期构造运动形成的。研究表明,研究区先后经历了多期变形的叠加与复合,表现为燕山晚期荆门、汉水两大主控断层的引张回滑所控制的北西向山间断拗盆地与喜马拉雅早期潜北断层所控制的北东向荆沙组上段新近系＋第四系断拗盆地的先后叠加与组合。构造变动过程中同时表现为正、逆力学性质的叠加与区域不整合纵向叠置、断裂构造发育,盐泥后期改造强烈,局部构造成带分布,构造组合与复合各具特色。

4.1　帚状-Y 式和复 Y 式-牵引向斜-牵引单斜-逆牵引背斜-正花状断裂构造样式组合与复合

在伸展-裂陷的作用下,潜北断裂带东段由于潜北断层深部高角度前部平缓弧形断面使下降盘产生逆牵引背斜或断鼻,随着喜马拉雅早期伸展裂陷作用的继续进行,后来产生的次生顺向断层切割先期形成的逆牵引背斜,可见局部断块。经喜马拉雅中期区域整体抬升使上部地层遭受剥蚀,形成扫帚状断裂构造样式。下伏渔洋组—荆沙组地层内,次生断层呈平缓弧形,由于地层塑性成分较少,形成了与潜北断层共轭的 Y 式断层,并相互组合形成复 Y 式结构。上伏潜四段地层塑性性质明显增强,随着地层沉降牵引下凹,无明

显的次生断层产生。同时在潜北断层附近下降盘形成了牵引向斜。在燕山中期挤压-压
扭作用下,海相中古生界在潜北断裂带上升盘产生了北东向左行走滑,并形成了正花状构
造,后由于受潜北断层下降盘强烈的拉张下陷的影响,上升盘潜北断层附近形成了牵引单
斜构造。整体形成了帚状-Y 式和复 Y 式-牵引向斜-牵引单斜-逆牵引背斜-正花状断裂
构造样式的组合与复合结构(图 4.1、图 4.2)。

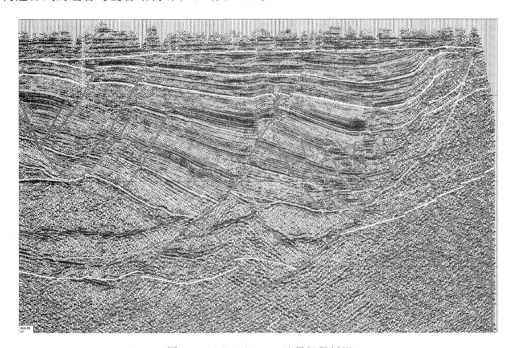

图 4.1　dplp-inline600 地震解释剖面

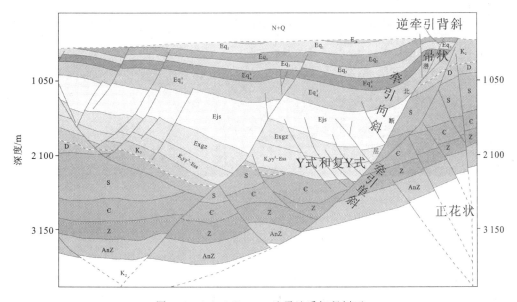

图 4.2　dplp-inline600 地震地质解释剖面

4.2　Y型断裂构造–盐泥脊–盐泥侵（盐泥丘、盐泥隆）–盐泥断上背斜–盐泥上断块–正花状断裂构造组合样式

潭口凸起东侧潜江组、渔洋组—荆沙组地层塑性性质明显增强，盐泥改造作用显著。渔洋组—荆沙组及潜四下亚段地层由于盐泥成分的增加，断层发育较少，不易产生次级断层。潜北断层附近，随着渔洋组—潜四下亚段盐泥岩段夹带砂岩层盐断面盐泥上侵并与上升盘盐泥岩层段共同盐泥拱，形成了上部盐泥丘、下部盐泥隆的构造样式，同时使下降盘潜三段以上地层形成背斜构造，进而被上部次生断层切割为断背斜（断鼻）构造样式，并使上覆背斜产生Y式结构。受盐泥上拱的影响，潜一段至新近系＋第四系可见盐泥上断块。由于两组Y型断层出现在荆河镇组和新近系＋第四系沉积时期，基本可以判定存在两期盐构造的生长活动。此外在渔洋组—新沟嘴组地层还可见由于盐泥侵入上拱所形成的盐泥脊构造样式（图4.3、图4.4）。

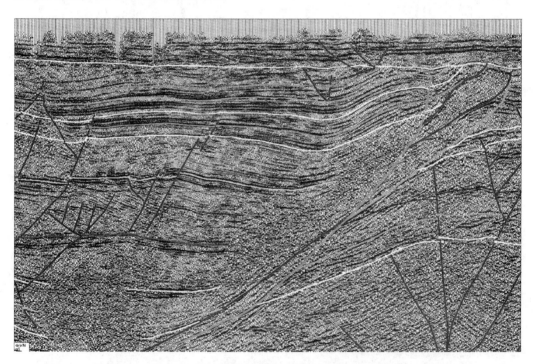

图 4.3　dplp-inline360 地震解释剖面

总体而言，接近潭口地区地层的盐泥侵入作用显著增强，由盐泥变形变位所产生的各种断裂及构造样式多样。在渔洋组—荆沙组、潜四下亚段两期盐泥的共同作用及燕山中期海相中古生界的压扭走滑作用下，各种构造样式相互叠加组合，基本形成了以Y型断裂构造–盐泥脊–盐泥侵（盐泥丘、盐泥隆）–盐泥上断背斜–盐泥上断块–正花状断裂为主的构造组合样式。

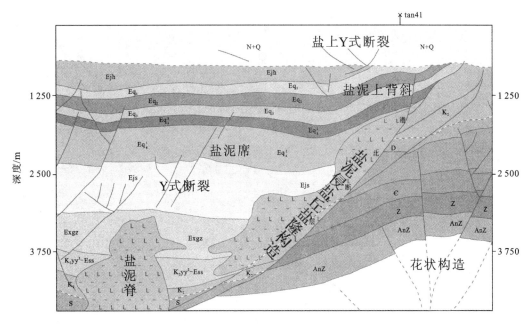

图 4.4　dplp-inline360 地震地质解释剖面

4.3　盐泥丘–Y 式和复 Y 式–多字型断裂构造组合样式

　　地震剖面揭示,潜一段及上覆地层断裂较为发育,纵向上呈 Y 式与复 Y 式组合样式,次生断层分布较多,多与下伏潜四下亚段盐泥底辟塑性上拱作用有关。此外,随潜北断层生长及地层沉积的同时,对上覆地层产生的侧向牵引作用同样促进了上覆 Y 型与复 Y 型断裂样式的发育。靠蚌湖的东斜坡处,主干地层倾角较大,约为 70°,在潜四下亚段盐泥形成了低幅盐泥上背斜构造和主干断层共同形成多字形样式与盐泥上浅层低角度断裂系构造组合。

　　分析认为,由于潭口西段地区靠近沉降中心,潜四段—潜二段地层为较强塑性性质,仅潜二段及以上地层相对脆性,以致潜四段—潜二段地层之间断裂不甚发育,多字型构造样式通常靠近潜北断层附近,断层末端多以消减或终止到潜四下亚段盐泥塑性层中较为多见,说明塑性层对断层的生长发育起到了很好的应力调节与限制作用。潜江组地层多以塑性变形与褶皱变形为主,并且在荆沙组地层中 Y 式断层较为发育,纵向上呈鱼刺断裂样式,多与侧向盐泥丘产生的侧向底辟作用有关(图 4.5、图 4.6)。

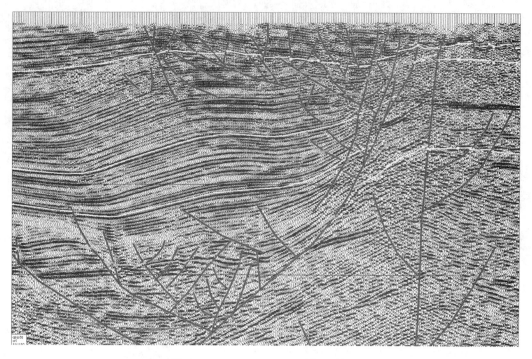

图 4.5　qblp-inline660 地震解释剖面

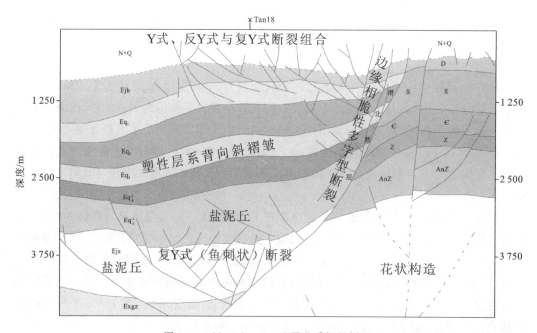

图 4.6　qblp-inline660 地震地质解释剖面

4.4　盐泥侵(盐泥滚)-马尾-网格-Y式和复Y式-漏斗状断裂-花状构造组合样式

　　分析认为,紧邻潜北断裂下降盘受乐乡关隆起近物源供给影响,下降盘潜北断层附近地层表现为相对脆性性质,因此由下滑牵引作用所导致次生断裂较为发育,可见马尾-网格-Y式-漏斗状断裂组合样式(图4.7、图4.8)。

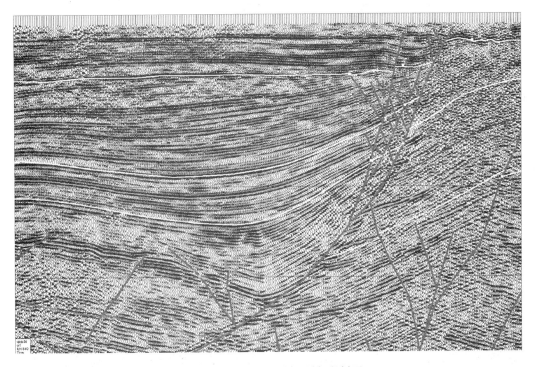

图 4.7　qblp-inline540 地震解释剖面

　　剖面揭示,下段(渔洋组—潜四段):主断层倾角在45°左右,次生断层发育较少,区域上为蚌湖凹陷沉降中心,由于潜北主干断层强烈沉陷与沉降中心牵引的共同作用,下降盘强烈牵引下拉使地层产状变陡,在下拉和地层沿断面下滑双重作用下,使紧邻主干断层的脆性地层产生次级共轭断层,断裂下段呈现出不对称漏斗状变形样式。上段(潜三段—荆河镇组):主干断层倾角在70°左右,上部呈多字型断裂变形样式发育。下部可见马尾状断裂构造样式,说明是紧邻断裂带下降盘受强烈牵引和地层脆性增强作用的结果。

　　潜北断裂带中段由东向西断裂组合由多字型逐渐向马尾状断裂组合过渡。钟市断鼻区由于近物源供给的影响,地层脆性更易产生顺向断层,并收敛于潜北主干断层,马尾状断裂组合尤为明显(图4.9、图4.10)。而远离主干断裂的下降盘由于靠近沉积中心,地层

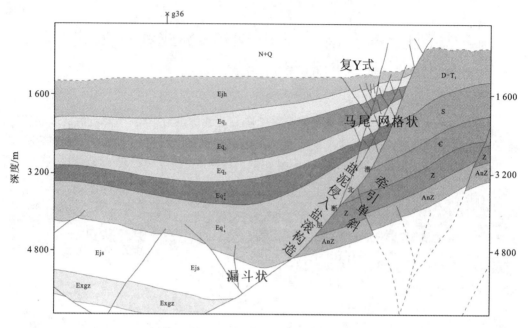

图 4.8　qblp-inline540 地震地质解释剖面

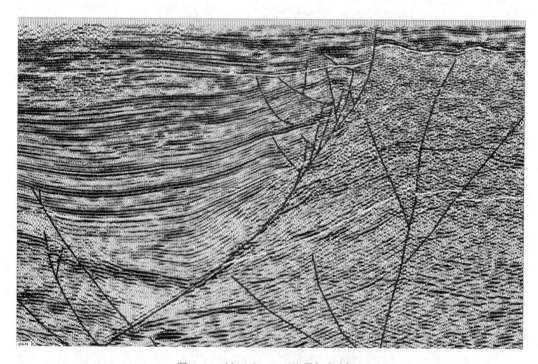

图 4.9　qblp-inline500 地震解释剖面

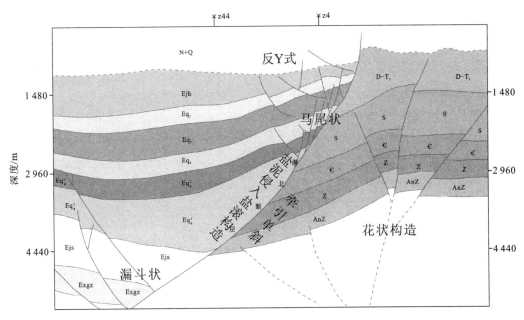

图 4.10　qblp-inline500 地震地质解释剖面

塑性强,断裂不甚发育。此外,与其相交的北东向地震剖面显示由于重力作用使潜江组盐泥沿断层面滑脱形成盐泥滚构造样式,并在其上部形成了盐泥滚背斜-尾缘拉张形成叠瓦顺向断层,为前缘挤压盐泥滚动上拱后缘盐泥流动抽空的结果。

4.5　顺向断阶-反向断阶-地垒-地堑-马尾断裂构造样式组合与复合样式

　　潜北断裂带下降盘经历了特定的大地构造背景、特殊的边界条件及层次分明的变形介质结构特点,西段派生了一些新型的构造型式,如大型的顺向、反向断阶,地垒、地堑式结构等,以及时间、空间上的转换型构造等,又间接地改造与再造了原有的构造型式。荆河镇沉积时期,潜北断裂向西逐渐消失,西段总体表现为垒式结构。断垒北部,以总体北西倾反 Y 型断裂组构成,是受荆门断层影响的同向调节与派生断层,也为西段主控断层;南部为顺向断阶,此时潜北断层已弱化为 K_2-Exgz 层系脊式断裂样式,从地层厚度来看,中部断垒在 K_2-Exgz 沉积时期,沉积相对北部厚,其间过渡带为坡折带,潜江组断裂已改变倾向,表明与中段之间存在着断裂构造转换带,也表明西部斜坡北部构造转换带存在物源可能性大(图 4.11~图 4.14)。

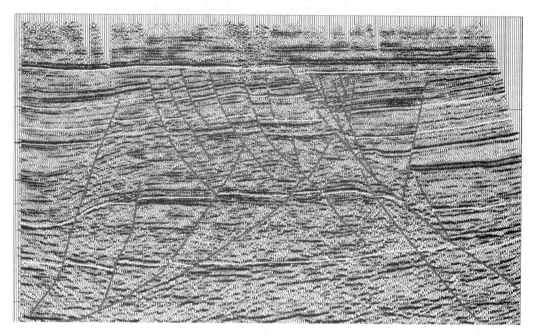

图 4.11　xplp-inline120 地震解释剖面

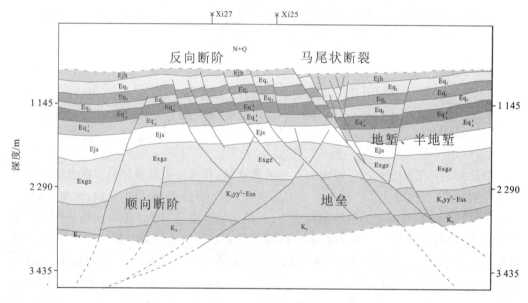

图 4.12　xplp-inline120 地震地质解释剖面

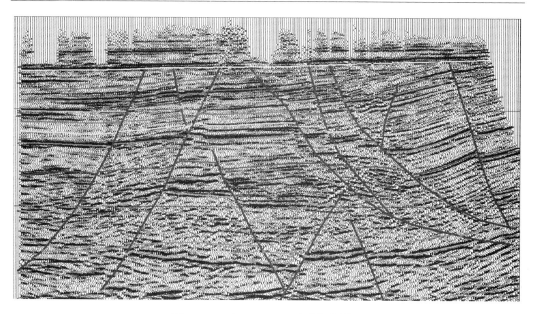

图 4.13　xplp-inline160 地震解释剖面

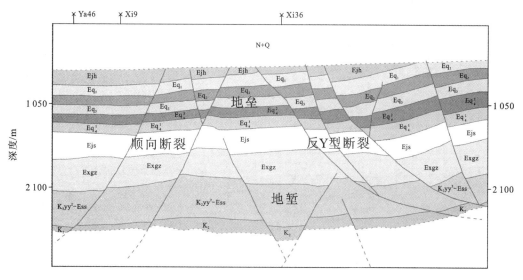

图 4.14　xplp-inline160 地震地质解释剖面

　　总之,由于处于潜北断层的尾翼和凹陷边缘,盐岩层系分布相对较少,构造层系砂质含量增多,明显缺少盐泥塑性作用的影响。以潜北断裂为主,上下盘南倾顺向断裂带并与高密度次生反向屋脊断块构造分布,地层广泛发育顺向与反向断阶。以受北倾断裂控制的反向断块为主,平面总体为北东向展布。在潜北断裂西段下降盘构造单元里,构造组合主要围绕着以弱化的潜北断层及北西向的反倾断层所控制的转换期构造为主以及同一区域构造应力场,在不同介质或不同边界条件过渡部位形成的各类构造及组合(转换部位构造）。形成了顺向断阶-反向断阶-地垒-地堑-马尾式断裂构造样式等的组合与复合。

4.6　盐泥滚-盐泥隆-盐泥墙-盐泥上背斜-盐泥间向斜-盐泥边向斜-Y 型断裂-顺向断阶构造组合与复合

　　潜北断裂带下降盘中新生代地层中广泛发育盐泥层的伸展断陷盆地,其中各种盐泥构造极为发育。剖面显示沿断坡或断面转折处盐泥极易上侵、重力滑动形成盐泥滚、上侵盐泥墙、盐泥隆等各种盐泥构造及其伴生构造样式(图 4.15、图 4.16)。

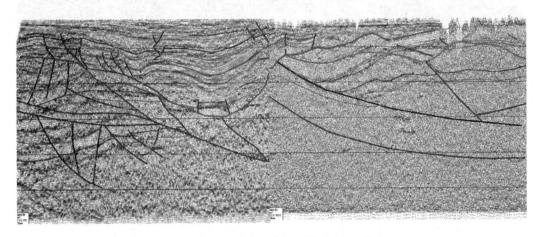

图 4.15　qblp720—dplp1920 地震解释剖面(北东向)

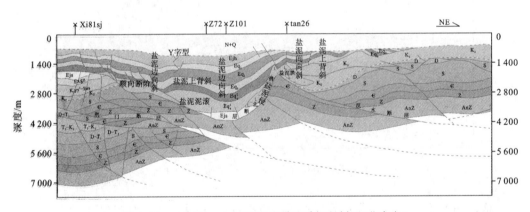

图 4.16　qblp720—dplp1920 地震地质解释剖面(北东向)

　　该构造组合在潜北断裂带附近较为常见。平面显示盐泥构造分布及展布具有成区成带分布的特点。其中在钟市一带,处于断面斜坡处的潜四下亚段盐泥层断由于区域伸展环境,并在自身重力作用下产生了沿塑性层底板滑脱作用,进而导致了盐泥核的前缘挤压和后缘拉张,形成了盐泥滚及后缘的盐泥抽空顺向断阶构造样式。同时盐泥滚上部引张导致了盐泥上背斜及盐泥上 Y 型断裂样式的形成。在蚌湖东斜坡处,沿潜北断层面下伏盐泥在差异负荷作用下受力不均衡,并沿着潜北断层面转折处发生上侵,潜四下亚段盐泥刺穿潜江组地层并导致上覆地层伴生次级断裂的产生,同时在盐泥上侵的顶部岩层变形为背斜形态。沿斜坡走向形成了盐泥墙、盐泥脊构造样式。在潭口地区潜四下亚段及下伏渔洋组—荆沙组盐泥聚集并上拱形成了潭口凸起盐泥隆构造。

此外,盐泥下、盐泥上及盐源层的形态也各具特点,盐上层及盐源层顶部形态明显与盐下层不一致,由盐泥的塑性流动产生的盐泥背斜及盐泥上、盐泥边向斜多见(图 4.15、图 4.16)。富盐泥盆地具有丰富的油气资源,其中盐泥构造与油气藏存在着密切的关系,如盐泥上背斜、盐泥上断块等这些含油构造与盐泥构造关系密切,因此对盐泥构造的特征、形成及演化组合与复合过程及其对油气成藏聚集的影响研究对潜北断裂带今后的油气勘探开发具有重要意义。

4.7　盐泥席-盐泥枕-盐泥丘-盐泥脊-盐泥隆-盐泥上穹窿-盐泥边向斜-盐泥间向斜-龟背构造组合与复合

目前为止,潜北断裂下降盘蚌湖凹陷发育各种盐泥构造样式,盐泥构造均与盆内上下两套盐泥的塑性流动有关。不同类型的盐泥构造样式其发育程度及展布区域具有一定的规律。总体而言,靠近蚌湖沉积中心盐泥枕-盐泥脊较为发育,东西斜坡盐泥滚-盐泥脊、盐泥墙发育居多。伴随产生的各种盐泥上背斜,盐泥边、盐泥间向斜发育,进而形成各式各样的构造组合与复合样式(图 2.13、图 2.14)。

剖面揭示,蚌湖东斜坡处,潜四下亚段盐泥层沿斜坡倾斜底板塑性流动上侵,在潭口西侧形成了盐泥脊、盐泥丘构造样式,使上覆地层背斜形态被次级伴生断层切割形成盐泥上断裂组合样式,同时盐泥层冲断潜北断裂带上升盘地层,进入潭口凸起。此外,潭口东侧潜四下亚段、渔洋组—荆沙组两套盐泥上侵聚集潭口,并使潭口上覆潜江组逆牵引背斜原型被局部抬升,上覆潜江组地层遭受区域剥蚀形成了潭口穹窿构造(图 2.13、图 2.14、图 4.17、图 4.18)。

由此形成的紧邻潜北断裂上升盘断鼻构造是油气聚集的理想场所。潭口东西两翼形成的盐泥脊、盐泥墩等构造样式,盐斜坡走向形成了北西向盐泥堤、盐泥墙构造样式。其上覆地层背斜形态为很好的油气聚集带,上覆背斜断块是断块油藏发育的有利部位。靠近蚌湖沉积中心处,由于盐泥断层所处的盐下层底板较为平缓,受力较为均衡,不易产生差异负荷与盐泥自身的重力滑覆作用,因此东、西斜坡内部多发育与盐泥初期塑性变形和变位有关的盐泥构造样式,盐泥席、盐泥枕较为常见。其中,在盐泥塑性流动的过程中上覆地层向斜或背斜,盐泥间、盐泥边向斜、低伏背斜与向斜及龟背构造较为多见。总体来讲,经历了盐泥构造孕育、初期形成和主要形成及后期改造定型过程,形成了以盐泥席-盐泥枕-盐泥丘-盐泥脊-盐泥隆-盐泥上穹窿-盐泥边向斜-盐泥间向斜-龟背构造等构造组合样式,大大拓展与丰富了油气勘探思路及勘探领域。

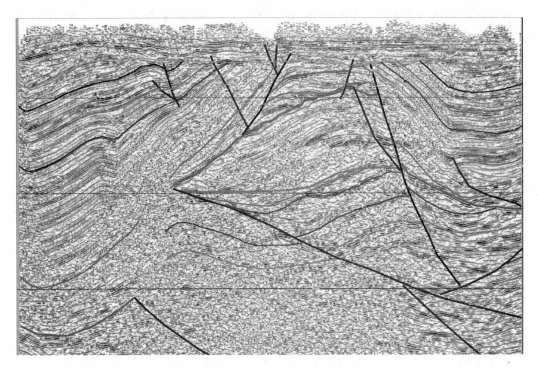

图 4.17 tk3d—inline1720 地震解释剖面(北东向)

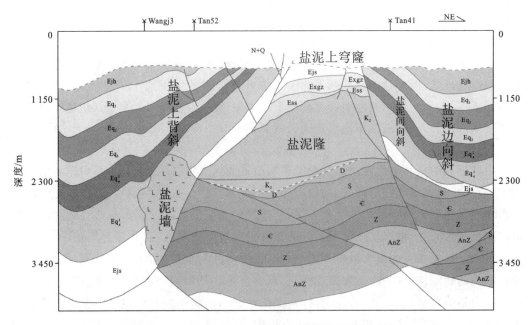

图 4.18 tk3d—inline1720 地震地质解释剖面(北东向)

4.8 盐泥席-盐泥丘-盐泥脊-盐泥墙-盐泥上背斜-盐泥间和盐泥边向斜构造组合与复合样式

剖面揭示,蚌湖凹陷东侧盐泥沿斜坡上拱形成盐泥脊构造,上覆王场盐泥背斜呈北西向条带展布,盐下层的形态与盐源顶层和盐上层明显不一致,盐上层和盐源层顶为明显的背斜,盐源层底和盐下层为微弱隆起。其中盐泥斜坡为盐泥的上侵提供了良好的底板条件。另外,在潭口凸起形成以前潜江凹陷盐源层沉积时为一完整凹陷,由于王场及潭西盐泥上侵,潭口盐泥上隆和潭口两翼外围地区排盐程度多少不一,因而将潜四下亚段沉积时原潜江统一凹陷分割为蚌湖、三合场等次一级凹陷,此类凹陷即为盐泥边缘向斜构造(凹陷)。潭口凸起东侧斜坡处盐泥上侵并形成了北西向盐泥堤构造条带,亦为盐泥断层差异负荷的结果。在盐泥墙与盐泥堤之间的盐泥间背斜、盐泥间向斜明显。此外,潜江凹陷东西斜坡处由于处于盆地沉积边缘,地层相对较平缓,此处盐泥的差异负荷作用较弱,盐泥流塑性蠕动,可见盐泥枕、盐泥席构造广泛发育。由此产生的盐上层低伏背斜区为勘探较为有利远景区域(图4.19、图2.48)。

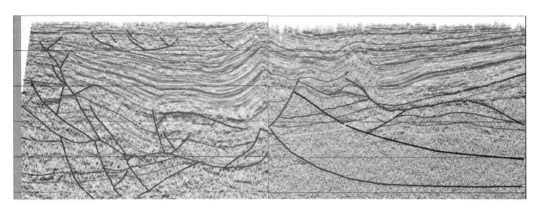

图4.19 qblp520—dplp1520 地震解释剖面(北东向)

分析认为,构成盐泥构造核部的塑性物质主要为盐岩、软泥、含膏泥岩等,盐泥为其主要成分,其他为次要成分。由于离物源供给较远,盐上层存在塑性成分较潜北断层附近地层比例大,盐源层上覆地层塑性相对较强,因而潜江组地层中断层发育较少。可见少量由于盐泥上拱所形成的盐上 Y 型断裂构造样式。

4.9　盐泥脊-盐泥丘-盐泥枕-盐泥席-盐泥背斜-盐泥边和盐泥间向斜-低幅盐泥背斜和向斜构造组合与复合

　　荆河镇组沉积末期,潜北断裂下降盘受到北东向的喜马拉雅挤压抬升普遍遭受剥蚀,使得由北东向主干断层控制的构造格局相对减弱。同时盐泥构造继续大幅隆升,上覆盐上层古近系—第四系地层减薄,潜北断裂带构造格局进一步改造定型。潭口东西两翼盐泥墙、盐泥堤构造为差异负荷盐泥塑性流动上拱的结果。造成这种差异负荷的因素有构造因素也有沉积因素,盐泥上侵斜坡转折带为盐泥流动提供了有利的底板条件,在盐泥构造顶部和侧翼易于形成构造或构造-岩性圈闭及盐上裂缝油气藏等。此外,砂岩上倾尖灭而成的构造-岩性圈闭或透镜状砂体油气藏存在的可能性较大。

　　在蚌湖沉积中心潜江组盐泥所占比例较大,断裂不甚发育,可见由盐泥初期盐泥塑性蠕动形成的上覆低伏背斜、向斜构造。剖面揭示,靠近蚌湖凹陷斜坡边缘,深层荆沙组可见少量由于盐泥塑性上拱形成的盐泥席状构造,并使上覆地层产生发散状断裂样式。张港斜坡构造带渔洋组—荆沙组多发育盐泥席构造,其间可见龟背构造、盐泥间向斜及盐泥上低幅背、向斜区等。总体而言,区内形成了以盐泥脊-盐泥丘-盐泥枕-盐泥席-盐泥背斜-盐泥边和盐泥间向斜-低幅盐泥背斜和向斜构造为主的构造组合样式(图 4.20、图 4.21)。

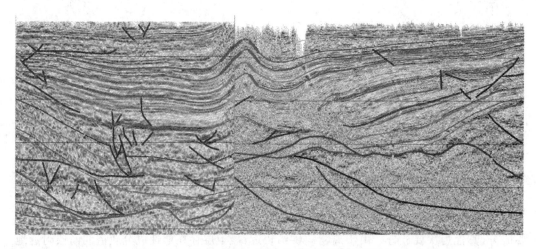

图 4.20　qblp400—dplp1280 地震解释剖面(北东向)

　　总之,潜北断裂带及其下降盘盐泥构造样式多样,盐泥塑性流动相关构造相当发育,其伴随产生的各种断裂构造样式组合亦各具特色。盐泥构造与油气藏存在密切的关系,对油气聚集具有重要的影响。盐泥构造及其伴生构造是油气聚集的有利空间场所,各种盐泥构造样式的形成可以改变流体动力系统,并为油气的运移、聚集提供网络通道。特别

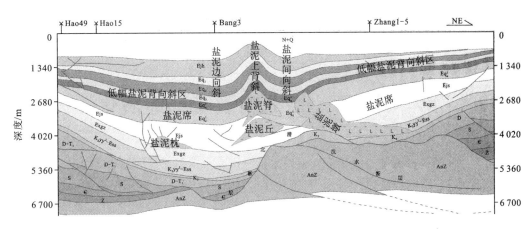

图 4.21 qblp400—dplp1280 地震地质解释剖面(北东向)

是在油气生成、运移之前形成的盐泥构造及伴生圈闭是油气的理想聚集地。研究区各种断裂构造样式及盐泥构造样式具有一定的形成与展布规律,通过对断裂构造样式、盐泥构造样式及其各种伴生构造的组合与复合的研究可以更好地认识含盐泥盆地构造演化、构造样式及油气聚集规律,为研究区带今后的油气勘探提供思路、线索和重要依据。

第 5 章　潜北断裂带构造演化

关于潜北断裂带的构造演化前人未做过系统研究。本书通过区域和区内的地震剖面的解释,结合以往的区域构造演化研究成果对比展开研究的。在遵循平衡剖面基本原理的前提下,编制构造演化剖面。首先,对潜北断裂上、下盘的构造演化的异同进行了分析,强调潜北断裂产生前和之后的构造背景条件。然后,将潜北断裂带东、中、西段构造演化阶段差别进行了解剖和对比,统计了断裂带各段各层的活动生长指数,分析了断裂活动规律,并且,对其下降盘的潭口凸起、蚌湖构造、钟市构造等形成演化过程进行了重点解剖,强调盐泥塑性底辟、刺穿或隐刺穿对构造的改造过程。

5.1　平衡剖面技术

平衡剖面技术是 20 世纪 60 年代随着石油地质勘探工作的深入而发展的,后来逐渐应用到造山带、张性构造区和压性盆地的研究及地震资料解释中。根据平衡剖面原理,假定滑脱面以上的地层在变形过程中剖面的面积是守恒的,以此估算滑脱面的深度(张明山等,1998)。此前 Dahlstrom(1969)详细论述了平衡剖面的概念,后经众多学者深入研究,平衡剖面技术和理论趋向完善。特别是 20 世纪 70 年代末薄皮构造机制的提出,平衡剖面技术和理论得到了迅速发展,期间产生了古垂线法、面积平衡及剩余面积法等。20 世纪 80 年代早期,Suppe 等(1983)系统阐述了断层转折褶皱及其几何演化和运动学过程,使得人们深刻的认识到了平衡剖面技术的长处。20 世纪 80 年代中期,国外地质、勘探学家开始使用正演法制作平衡剖面。Gibbs(1983)首次提出平衡剖面的概念也可以用于张性地区的分析研究,他以北海油田为例,运用平衡剖面技术编制和恢复伸展地区剖面、计算伸展量与滑脱深度。此后,平衡剖面即使在伸展地区取得了广泛应用,取得了不少新的进展,如深入探讨了伸展地区平衡剖面中岩层变形的各种机制(如垂向剪切、斜向剪切、弯滑作用及刚体旋转等)、断层与地层之间的几何关系、断层与地层形态的预测与恢复、复原系列发育史剖面(反演模拟)等方面。从而使得平衡剖面技术在伸展地区的油气勘探中发挥出越来越重要的作用。

5.1.1　平衡剖面原理

平衡剖面是一条较为合理的剖面,但不一定真实。与未平衡剖面相比,它满足了大量合理的限制条件,因而也是更为严谨的标准剖面。相反,一条未作平衡剖面检验的剖面是不可信的,一条难以平衡的剖面是错误的。平衡剖面技术就是提供了一系列条件,以保证剖面解释的合理性,这些合理性限制包括以下几个方面。

1. 面积守恒原则

面积守恒是指剖面由于缩短所减少的面积应当等于地层重叠所增加的面积。剖面变形前后只是发生了形态的变化,剖面的总面积没有改变。面积守恒原则假定变形发生在构造运动的方向上,即简单的平面应变,这在大多数前陆褶皱-冲断带中是具备的。利用面积平衡原则不仅可以对剖面做合理的平衡,也可以用于计算滑脱面的深度或剖面的缩短量(Hossack,1979)。

2. 层长守恒原则

层长守恒由面积守恒简化而来,其前提条件是变形过程中地层的厚度未发生明显的变化,地层指示发生断裂、褶皱,而没有发生透入性变形。这样,变形前后的各种岩层的长度应当是一致的,即通常所说的波状层法或线长法。在测量岩层长度时首先要选择参照线,也称固定线或钉线,一般选择在未变形的前陆或褶皱的轴面,即变形前后角度垂直于层面。由于滑脱,就某一长度的剖面而言,滑脱层上下岩层的长度在变形前后往往不一致。此外,在冲断带中,复原后同造山或后造山沉积层的长度要比前造山沉积层短。波状层法主要适用于无透入性变形的剖面或地区。实际上,对于沉积岩层序,软硬岩层的相间是十分普遍的现象,软弱岩层在变形过程中容易发生投入性或部分透入性变形,层厚也不能保持恒定,此时,剖面的平衡剖面应采用关键层法。即对于具有部分透入性变形岩层的地区,选择在变形过程中以平衡褶皱作用为主和具有最小透入性的岩层(关键层)进行线长平衡,而不是同时处理所有的岩层,在完成关键层的平衡之后,再填入整个地层序列。

3. 位移量一致原则

位移量一致是指岩层断裂后断裂两侧的断块沿断裂面发生位移,原则上各对应的位移断距应当一致,这样断层上下盘可很好吻合。实际上,断距不一致的现象很普遍,可以用多种方法来解释,如断层向上发生分叉,这样各分支断层的断距之和应当等于主断层的断距;断层的位移可以沿断面向上发生由褶皱作用所代替或投入性变形来容纳。因此,断距不一致时应根据具体情况作出相应的解释。

4. 缩短量一致原则

对于沿造山带走向的系列横剖面来说,各剖面应当具有大致相同的伸缩量,这就是缩短量一致原则。断层沿走向也不能无限延伸,逆冲断层很可能起始于局部微小裂缝,而后向上并沿走向增长,随着位移的增加,逆冲断层也沿走向不断增长,当各种逆冲断层相互接近和错过时,它们就组成了位移转换带,当一条断层上位移增加时,相邻断层上的位移就减少。同时,由于边界的差异,变形样式会沿着走向发生变化,一条断层或一个褶皱的消失往往会伴随另一断层或褶皱的出现。它们都是为了保持缩短量一致。

5.1.2　伸展断陷断层变形介质与平衡剖面的模型选取

　　平衡剖面是指可以把剖面上的变形构造通过几何原理进行恢复的剖面(刘池洋,1988)。它的基本原理是物质守恒定律。在构造变形上物质守恒可以视为变形前后岩层体积守恒(或变形前后体积变化很小)。因此,体积守恒是编制平衡剖面时应遵循的总的原则。如构造变形主要是平面应变。此时三维空间的体积守恒就转化为与构造运动方向一致的剖面上的面积守恒。如变形前后岩层厚度保持不变,面积守恒就表现为长度守恒,如各地层间没有不连续面,恢复后的原始长度在同一剖面中应当一致。

　　目前在张性地区建立的断层与地层变形的几何模型是以犁式正断层为边界和主控因素,主要有三种模型,即垂向剪切模型、斜向剪切模型、层长不变模型(贾霍甫等,2009),如图 5.1 所示。当上盘的质点以垂直向下运动的方式(即垂向剪切机制)充填水平伸展造成断面的空隙时,被称为垂向剪切模型;当上盘的质点以一定的倾斜方向向下运动(即斜向剪切机制)来充填由水平伸展运动造成断面空隙时,被称为斜向剪切模型;如果上盘的质点向下运动充填空隙时,保持原始长度不变则称为层长不变模型(彦丹平等,1997)。

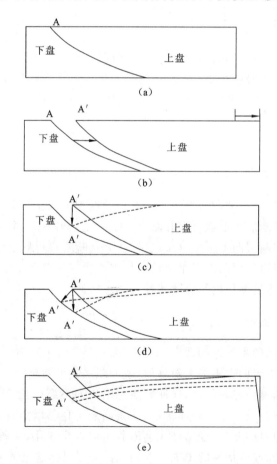

图 5.1　正断层上盘的变形机制与几何模型(陈诗望,2006)

犁式正断层运动引起上盘变形过程可分为两步来理解(图 5.1)。图 5.1(a)表示变形前的状态,剖面中存在已调配潜在的犁式正断层;图 5.1(b)表示上盘被拉开图中箭头所示的长度,上盘内的质点 A 侧向移动到新的位置即 A′点,从而造成上下盘之间出现一楔形孔空隙;图 5.1(c)～(e)表示上盘中的质点由重力作用下降至未变形的下盘上,以保持断层面的闭合性,上盘物质的变形充填空隙时的位移矢量可能是垂直或不确定的,并由此最终使上盘产生不同变形的几何形态,几何模型的选取决定于主导的变形作用机制。而主导的变形作用机制将取决于岩性特征、地层特征(基底特征、主断层形态等)及变形环境(应力强弱、应变速率等),其中以岩性影响最为突出,对于非固结的张性岩区,由于岩石中的质点易于相对滑移,在铅直的重力作用下垂向剪切可能是最常见的机制,因而垂向剪切机制更具有代表性和综合性。受断层的摩擦力、牵引力及上盘质点位移时的黏滞力的作用,垂向剪切的方向有时会发生偏移,而成为斜向剪切机制。对于已固结的岩石,由于断层变形时往往沿层的长度变化不大或难以变形,而平行于层理的方向是由于滑动并弯曲,因此层长不变模型可能更为适用。

由于平衡剖面提供了更准确的变形图像,因此都有助于勘探目标的评估(梁慧社等,2002),利用剖面的平衡技术,还可以预测和识别构造型式。另外,虽然现在已经有了先进的处理及探测方法,但是地震资料仍然留出很大的推测余地,在编制一条平衡剖面的过程中增加了这些额外的限制。根据平衡剖面原理和构造地质学的基本原理,针对潜北断裂带,针对采用"逐层回剥"方法编制构造演化剖面时遇到影响古构造恢复的几个问题,利用2DMOVE 软件反演了合理的构造演化剖面。针对拉张地区的构造特点,软件采用面积守恒原则。每一层的反演过程分两步:断距消除和层拉平。断点的消除主要是采用垂直剪切模型,对于边界大断层,采用斜向剪切模型。选取了 11 张剖面进行制作,其中潜北断裂带上下盘 2 张,潜北断裂东段 3 张、中段 4 张、西段 2 张。

5.2　潜北断裂带南北两盘构造演化

5.2.1　潜北断层上升盘构造演化特征

研究区在印支晚期—燕山早期,位于北部大洪山滑脱推覆和南部江南-雪峰滑脱推覆两大弧形构造带对冲式挤压环境中,晚侏罗世、上三叠统—古生界地层陆内强烈挤压褶皱、逆冲推覆,在大洪山弧形推覆带西南缘由北东向南西形成三排北西向弧形叠瓦冲断带,研究区北部属于锋带和中带之间,早白垩世早期,主体处于剥蚀阶段。当时,荆门凹陷、汉水凹陷处于各冲断带之间。晚白垩世早期,中国东部进入了多旋回拉张作用-拗陷作用的区域引张环境,各个冲断带后缘重力回滑作用,产生北西向展布荆门、汉水双断凹陷。控制了渔洋组—荆沙组沉积,形成"两拗两隆格架"。晚白垩世晚期—古近纪早期,滨太平洋壳幔活动地壳引张伴随玄武岩喷发,荆沙组沉积之后,伴随深部岩浆活动,产生不均衡左旋掀斜、剥蚀,形成了"犁式"断层控制的"箕"状断陷。古近纪,北东向断块运动增强,潜北断裂上升盘总体处于剥蚀或缺失地区,至新近纪区域沉降,接受了新近系—第四系沉积(图5.2)。

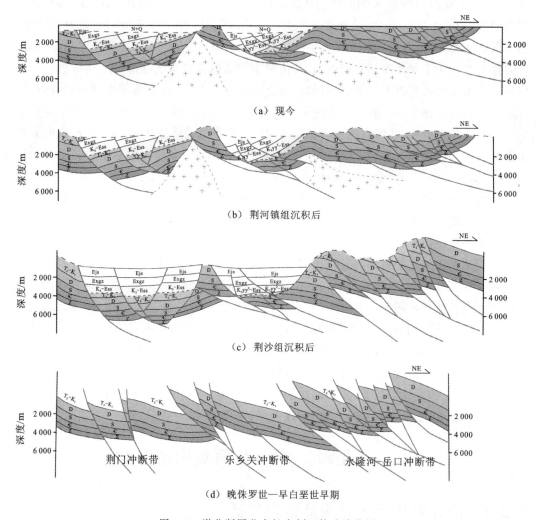

图5.2　潜北断层北盘松安剖面构造演化图

5.2.2　潜北断层下降盘构造演化特征

渔洋组—荆沙组沉积时期,由乐乡关隆起向东南延伸的古残丘分割的两个断陷,分别对应荆门断陷和汉水断陷。潜四段沉积时期,中间厚,两边薄,盆地呈碗碟状,为一个完整的凹陷。潜一段沉积后,在潭口下覆盐泥由深至浅逐渐产生塑性作用。荆河镇组沉积时,为盐泥塑性作用改造的主要时期,形成了以潭口凸起为中心的各种盐泥构造。新近系+第四系沉积时期,盐泥构造再次活动,并最终定型(图5.3)。

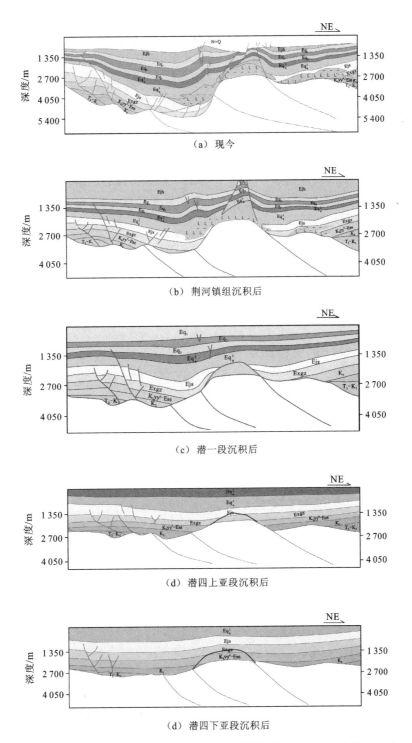

（a）现今

（b）荆河镇组沉积后

（c）潜一段沉积后

（d）潜四上亚段沉积后

（d）潜四下亚段沉积后

图 5.3　潜北断层下盘潜北连片 ILN560—东坡连片 ILN1600 构造演化剖面

燕山早期的中扬子地区属于陆内挤压造山构造体制,强烈的南北挤压褶皱逆冲推覆,使研究区主体发育三组北西向弧形叠瓦逆冲带和一组北东向左行压扭剪切带,处于大洪山推覆构造的锋带与中带之间,形成了研究区北部山-谷古地貌,早白垩世,总体处于剥蚀期,并由挤压向引张构造环境转化,产生了多旋回的火山喷发,奠定了构造体制转换后晚白垩世断陷盆地形成的古地貌基础条件。之后,研究区经历了两期盆地建造和改造演化阶段。

1. 晚白垩世—荆沙组下段断陷建造阶段

晚白垩世早期,由于火山喷发作用产生地壳引张运动,北西向弧形逆冲断裂重力作用回滑,荆门断裂、汉水断裂由此产生,在逆冲带后缘形成狭长的荆门、汉水断陷(或山间)盆地,在研究区北部形成盆岭结构,研究区也具有相似的特点,由北向南盆山起伏逐渐变小,由粗碎屑充填式沉积建造渐变为研究区盐泥(蒸发岩)组合的沉积建造。

2. 晚白垩世—荆沙组下段断陷改造阶段

晚白垩世晚期,滨太平洋壳幔活动加剧,沿断裂带产生玄武岩喷发,导致荆门断陷、汉水断陷掀斜左旋,后遭受剥蚀,改造成为"箕"状断陷。断陷在研究区内呈北西—北西西向展布,其间夹持着狭长的乐乡关隆起带。

3. 荆州组上段—荆河镇组断拗建造阶段

古近纪时期,区域伸展运动,使北东向断裂断块运动加强,燕山早期区内北东向剪切带转变为松弛环境,在其南缘滑塌产生潜北断裂带,使早期形成的北东向盆岭结构遭受分割,形成主体受潜北断裂控制的断拗,由于早古新世将北西向凹凸与北东向伸展断拗的分割,形成了断拗的闭流环境,产生了巨厚的陆屑蒸发岩与玄武岩组合。

5.3　潜北断裂带构造演化

5.3.1　潜北断裂带东段构造演化特征

1. 东段东部构造演化特征

荆沙组—潜江组沉积时期,为潜北断裂带产生发育时期,但次生断裂少,规模小,下降盘产生逆牵引断鼻构造。荆河镇组沉积时期,逆牵引断鼻为断裂切割,顶层遭受剥蚀并呈顺向断块。新近系+第四系沉积时,构造已定型(图5.4)。

2. 东段西部构造演化特征

1) 潭口凸起东缘构造演化特征

荆沙组—潜四上亚段沉积时期,为潜北断裂带产生发育时期,但次生断裂少,规模小,上升盘地层牵引倾斜较大,下降盘产生逆牵引断鼻构造。荆河镇组沉积时期,为潜四段盐泥侵形成期,地层强烈牵引。逆牵引断鼻为断裂切割,顶层潜江组地层遭受剥蚀,纵向成单斜。新近系+第四系沉积时,为凹陷塑性作用拱升时期(图5.5)。

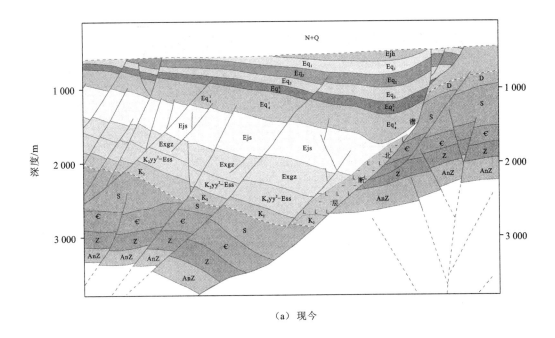

（a）现今

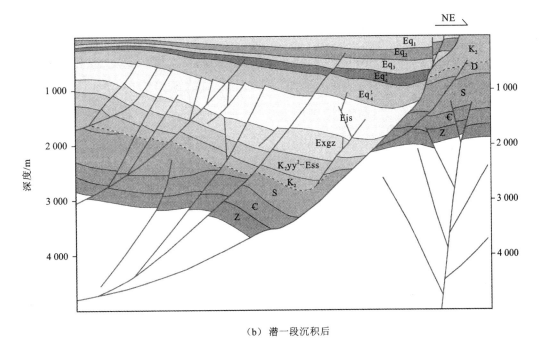

（b）潜一段沉积后

图 5.4　潜北断裂带东段东部东坡连片 ILN520 测线构造演化剖面

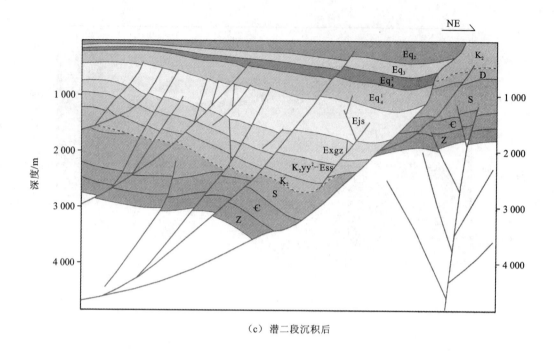

（c）潜二段沉积后

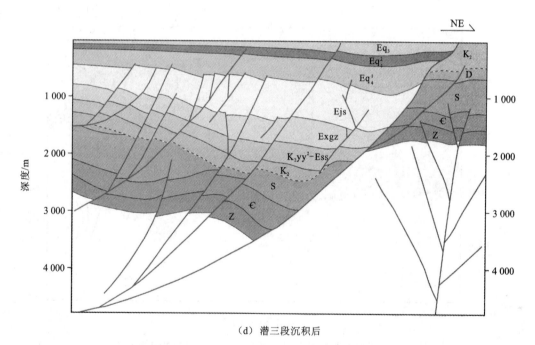

（d）潜三段沉积后

图 5.4　潜北断裂带东段东部东坡连片 ILN520 测线构造演化剖面(续)

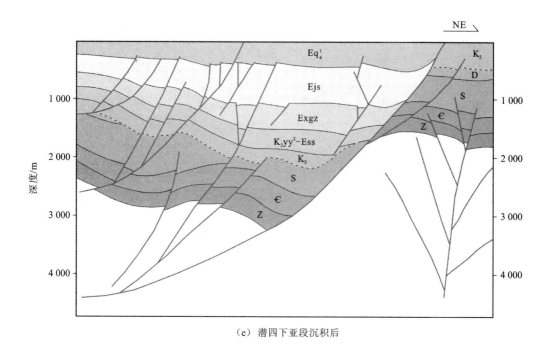

（e）潜四下亚段沉积后

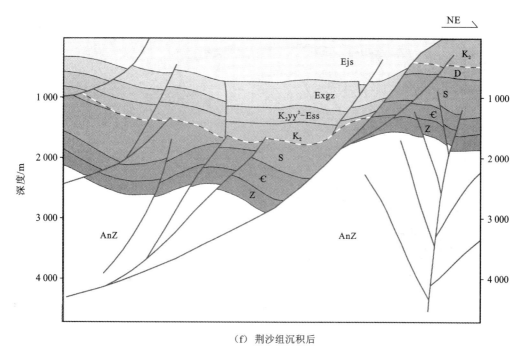

（f）荆沙组沉积后

图 5.4　潜北断裂带东段东部东坡连片 ILN520 测线构造演化剖面（续）

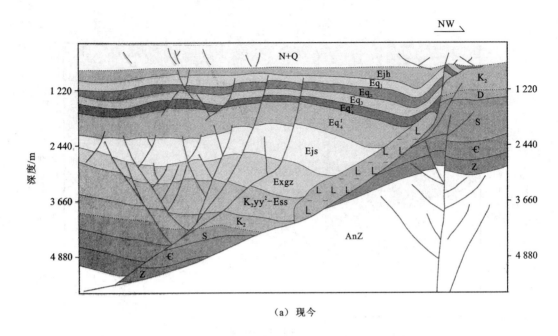

（a）现今

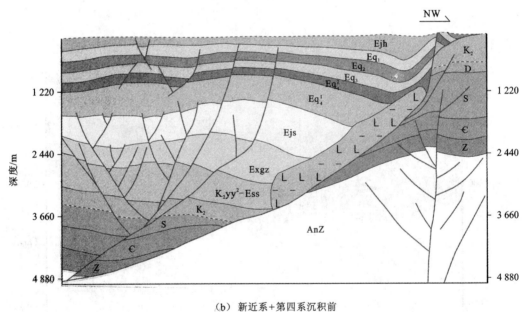

（b）新近系+第四系沉积前

图 5.5　潜江断裂带东段西部东坡连片 ILN400 测线构造演化剖面

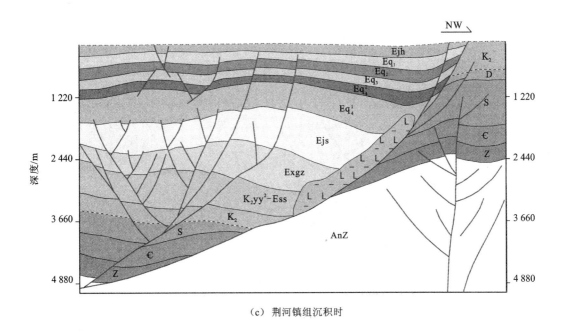

（c）荆河镇组沉积时

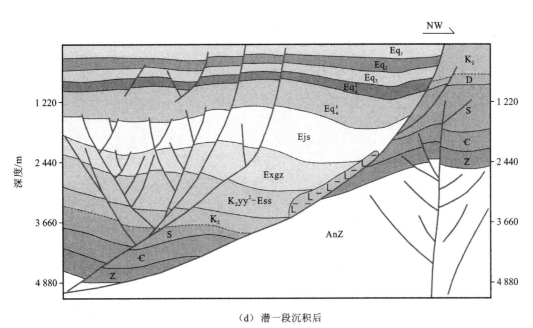

（d）潜一段沉积后

图 5.5 潜江断裂带东段西部东坡连片 ILN400 测线构造演化剖面（续）

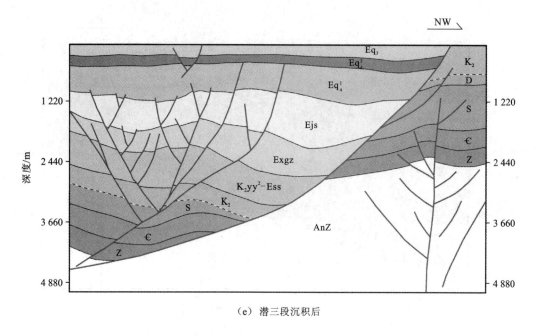

（e）潜三段沉积后

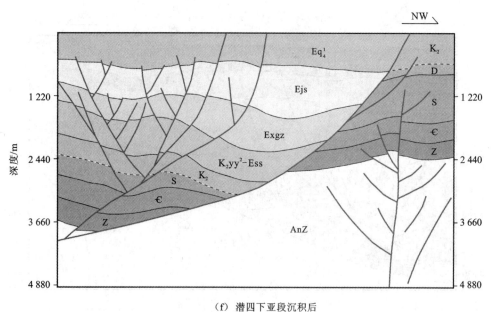

（f）潜四下亚段沉积后

图 5.5　潜江断裂带东段西部东坡连片 ILN400 测线构造演化剖面（续）

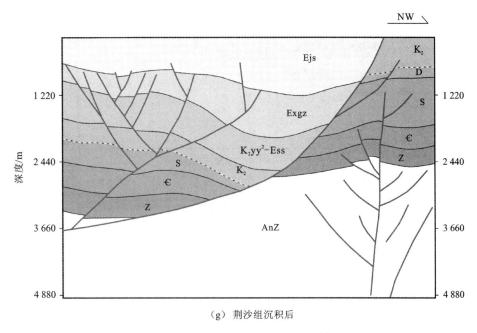

（g）荆沙组沉积后

图 5.5　潜江断裂带东段西部东坡连片 ILN400 测线构造演化剖面（续）

2）潭口凸起构造演化特征

荆沙组—潜四上亚段沉积时期，为潜北断裂带产生时期，但次生断裂少，规模小，下降盘产生逆牵引背斜。荆河镇组沉积时期，是潭二断层产生和活动期，沉积晚期，产生强烈的多层盐泥侵，顶层剥蚀，形成穹窿、盐泥隆及其周缘伴生构造。新近系＋第四系沉积时，构造基本定型（图 5.6）。

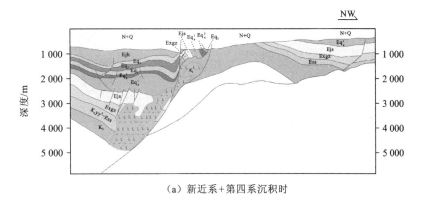

（a）新近系＋第四系沉积时

图 5.6　潜江断裂带东段西部东坡连片 ILN320-tk-06-615-2 线构造演化剖面

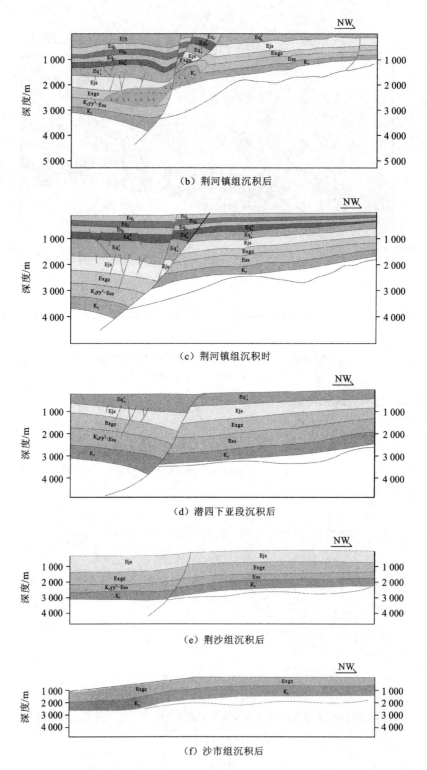

（b）荆河镇组沉积后

（c）荆河镇组沉积时

（d）潜四下亚段沉积后

（e）荆沙组沉积后

（f）沙市组沉积后

图 5.6　潜江断裂带东段西部东坡连片 ILN320-tk-06-615-2 线构造演化剖面（续）

5.3.2　潜北断裂带中段构造演化特征

1. 潭口凸起西缘构造演化特征

荆沙组—潜四上亚段沉积时期,为潜北断裂带产生发育时期,但次生断裂少,规模小,上升盘地层牵引倾斜较大。荆河镇组沉积时期,存在外展式顺向断块产生的可能,也为潜四段盐泥构造主要形成期。新近系+第四系沉积时,为盐泥构造剧烈拱升时期,潜二段以上的地层产生密度较大的共轭断块构造(图5.7)。

荆沙组—潜四上亚段沉积时期,为潜北断裂带产生发育时期,但次生断裂少,规模小,上升盘地层牵引倾斜较大。荆河镇组沉积时期,存在外展式顺向断块产生,也为潜四段盐泥构造主要形成期。新近系+第四系沉积时,为盐泥构造剧烈拱升时期,潜二段以上的地层产生密度较大的共轭断块构造(图5.7)。

2. 蚌湖构造演化特征

荆沙组沉积时期,为潜北断裂带产生发育时期,其上升盘为燕山中期正花状构造,下降盘形成对向 Y 型断裂带。潜三段—荆河镇组沉积时期,潜三段沉积时期内展式顺向断块产生,荆河镇组为多字型断块主要形成期;荆河镇组沉积时期,为潜四段盐泥上侵构造和盐滚构造主要形成期;新近系+第四系沉积时,潜北断裂已经基本定型(图5.8)。

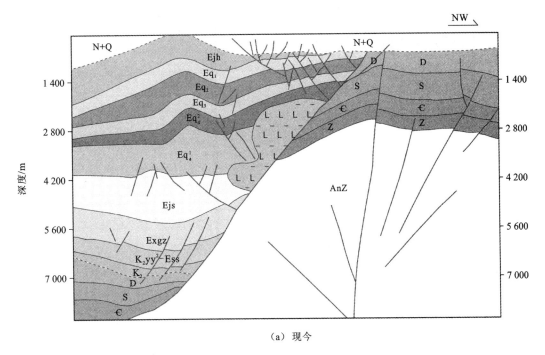

(a)　现今

图 5.7　潜北断裂带中段潜北连片 ILN700 线构造演化剖面

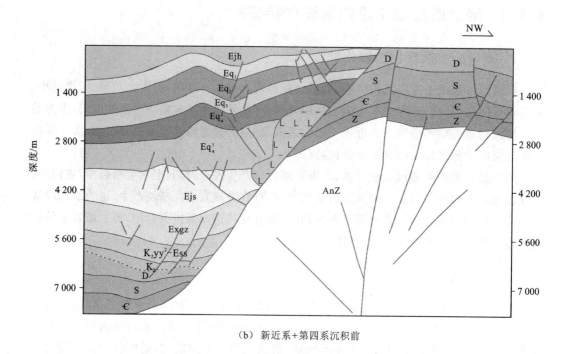

（b）新近系+第四系沉积前

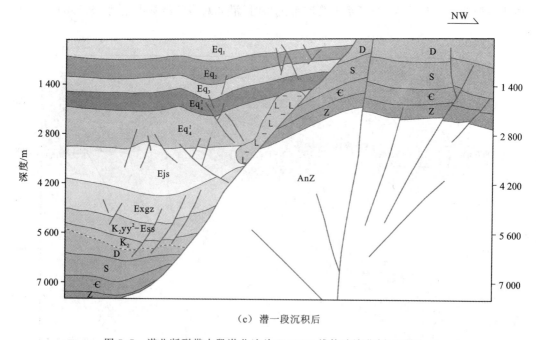

（c）潜一段沉积后

图 5.7 潜北断裂带中段潜北连片 ILN700 线构造演化剖面（续）

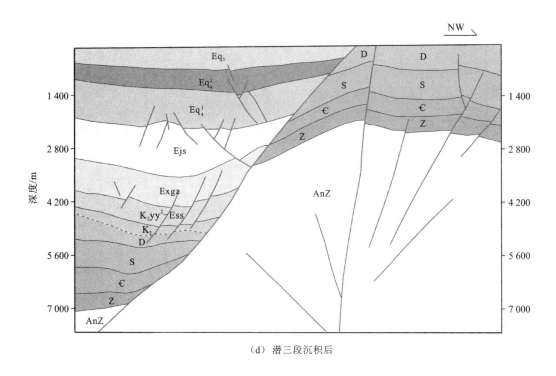

（d）潜三段沉积后

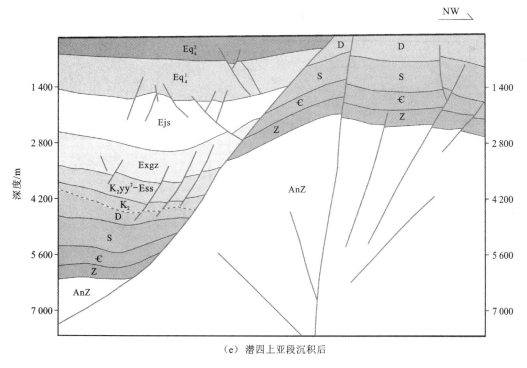

（e）潜四上亚段沉积后

图 5.7　潜北断裂带中段潜北连片 ILN700 线构造演化剖面（续）

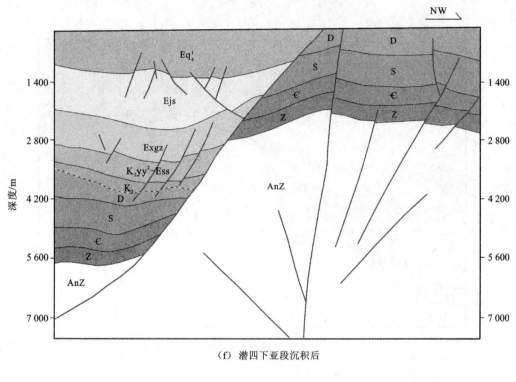

（f）潜四下亚段沉积后

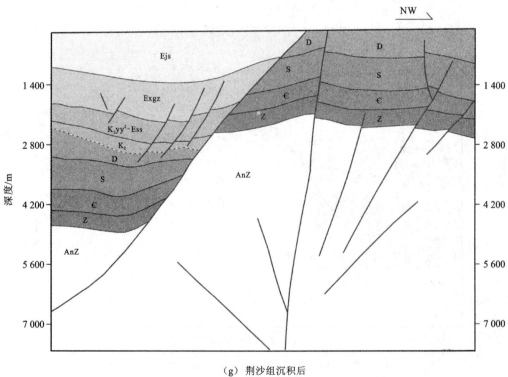

（g）荆沙组沉积后

图 5.7　潜北断裂带中段潜北连片 ILN700 线构造演化剖面（续）

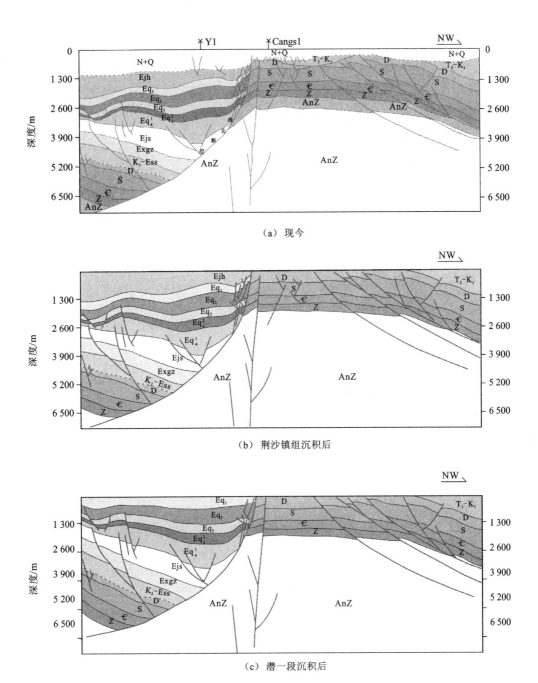

（a）现今

（b）荆沙镇组沉积后

（c）潜一段沉积后

图 5.8　潜北断裂带中段潜北连片 ILN620-tk-06-604-4-NEW 线构造演化剖面

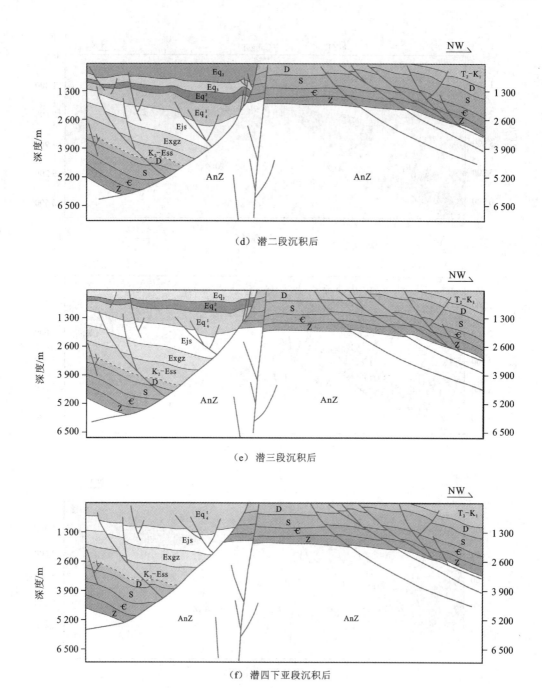

（d）潜二段沉积后

（e）潜三段沉积后

（f）潜四下亚段沉积后

图 5.8　潜北断裂带中段潜北连片 ILN620-tk-06-604-4-NEW 线构造演化剖面(续)

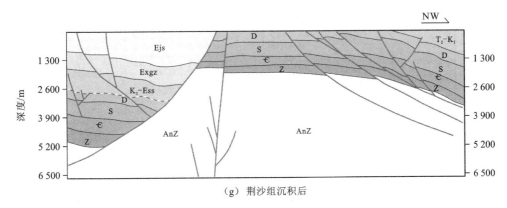

（g）荆沙组沉积后

图 5.8　潜北断裂带中段潜北连片 ILN620-tk-06-604-4-NEW 线构造演化剖面（续）

3. 钟市构造演化特征

1）钟市东构造演化特征

荆沙组沉积时期，为潜北断裂带产生发育时期，上升盘缺失荆沙组，下降盘形成对向 Y 型断裂带；潜二段—荆河镇组沉积时期，为内展式顺向马尾状断块产生期，荆河镇组沉积时期为主要形成期，上升盘与下降盘产生强烈牵引，地层产状变陡；荆河镇组沉积时期，为潜四段盐泥上侵构造和盐泥滚构造主要形成期；新近系＋第四系沉积时，潜北断裂继续活动并定型（图 5.9）。

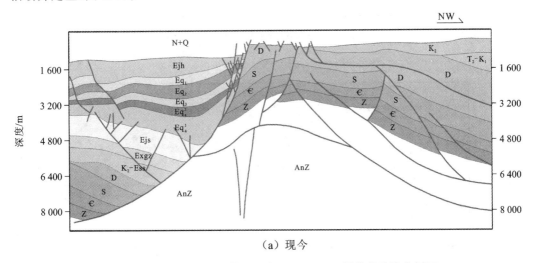

（a）现今

图 5.9　潜北断裂带中段潜北连片 ILN540-c600 测线构造演化剖面

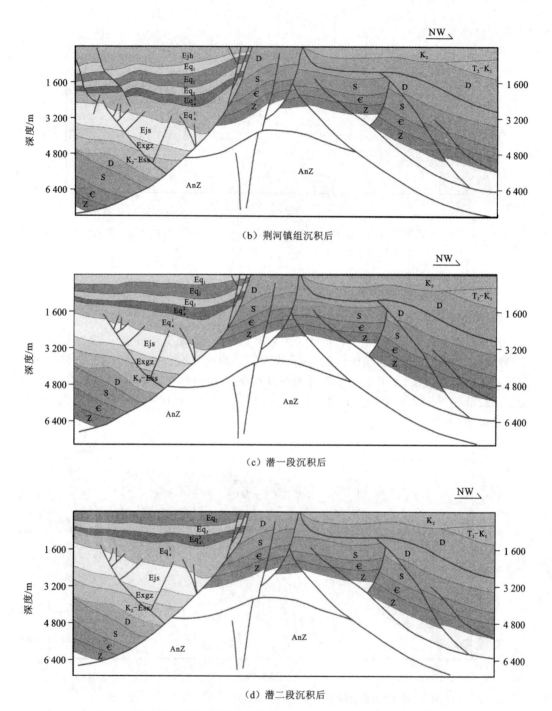

（b）荆河镇组沉积后

（c）潜一段沉积后

（d）潜二段沉积后

图 5.9　潜北断裂带中段潜北连片 ILN540-c600 测线构造演化剖面（续）

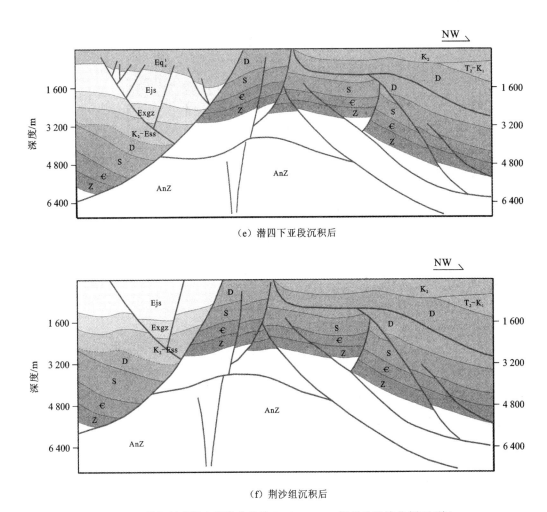

（e）潜四下亚段沉积后

（f）荆沙组沉积后

图 5.9　潜北断裂带中段潜北连片 ILN540-c600 测线构造演化剖面（续）

2）钟市西构造演化特征

荆沙组沉积时期，为潜北断裂带产生发育时期，在其上升盘为燕山中期正花状构造，下降盘形成对向 Y 型断裂带；潜二段—荆河镇组沉积时期，为内展式顺向断块主要形成期，上升盘与下降盘产生牵引使地层产状变陡；荆河镇组沉积时期，为潜四段盐泥上侵构造和盐泥滚构造主要形成期；新近系＋第四系沉积时，潜北断裂已经基本定型，但再次产生盐泥拱作用（图 5.10）。

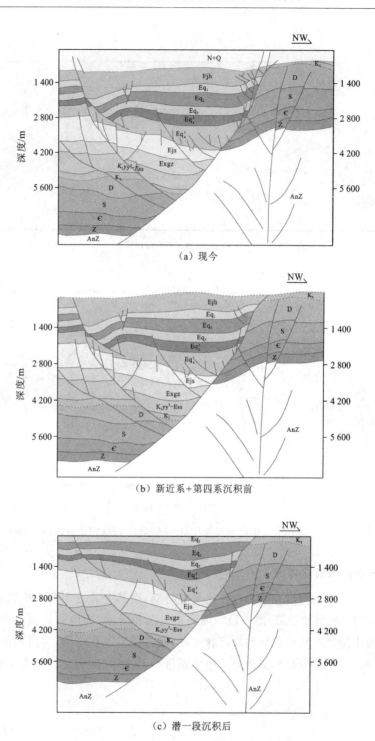

（a）现今

（b）新近系+第四系沉积前

（c）潜一段沉积后

图 5.10　潜北断裂带中段潜北连片 ILN460 测线构造演化剖面图

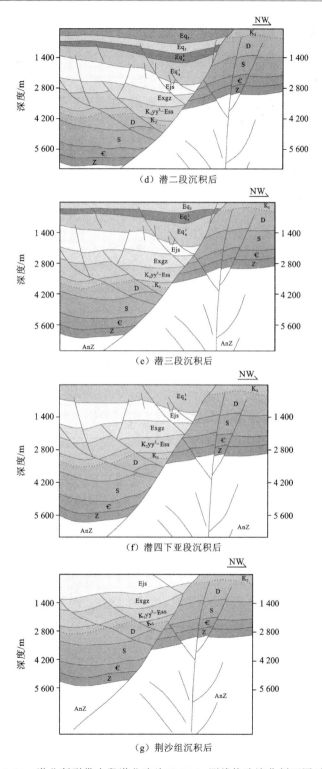

图 5.10 潜北断裂带中段潜北连片 ILN460 测线构造演化剖面图(续)

5.3.3　潜北断裂带西段构造演化特征

1. 西段东部构造演化特征

荆沙组沉积时期,为潜北断裂带产生发育时期,在其上升盘形成顺向断阶,下降盘形成对向 Y 型断裂带;潜二段—荆河镇组沉积时期,为内展式顺向马尾状断裂主要形成期,上升盘与下降盘产生牵引使地层产状变陡,潜四段存在盐泥上侵作用;新近系+第四系沉积前,潜北断裂已经基本定型(图 5.11)。

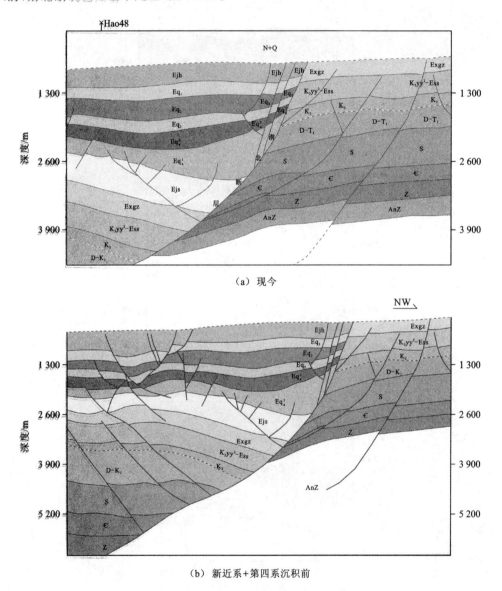

图 5.11　潜北断裂带西段潜北连片 ILN380 测线构造演化剖面图

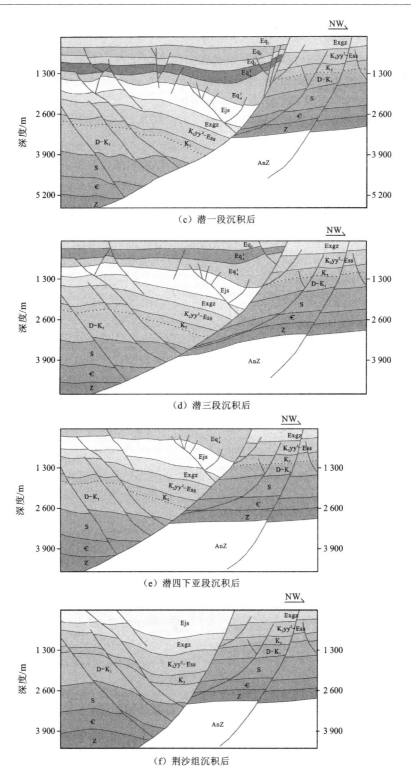

（c）潜一段沉积后

（d）潜三段沉积后

（e）潜四下亚段沉积后

（f）荆沙组沉积后

图 5.11   潜北断裂带西段潜北连片 ILN380 测线构造演化剖面图（续）

2. 西段西部构造演化特征

新沟嘴组—荆沙组沉积时期,发育北东和南西倾两组背向断裂系。潜北断裂产生在荆沙组沉积时期;潜江组沉积时期,主要为北东倾向反向断阶和马尾状主断裂的产生时期;荆河镇组沉积时期,是北东反向断阶和马尾状主断裂主要形成期,潜北断裂此时已不发育;新近系+第四系沉积早期,北东向主断层再次活动,并定型(图 5.12)。

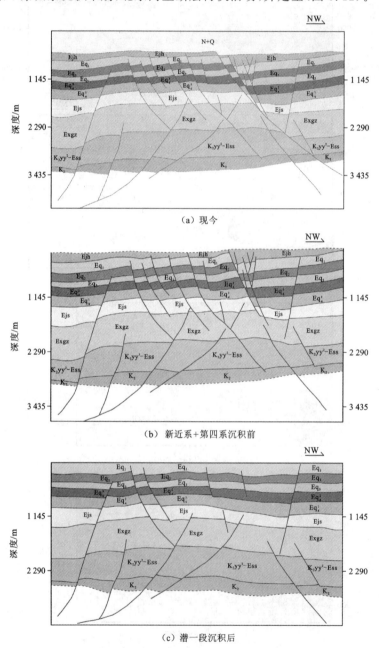

图 5.12　潜北断裂带西坡连片段 ILN120 线构造演化剖面图

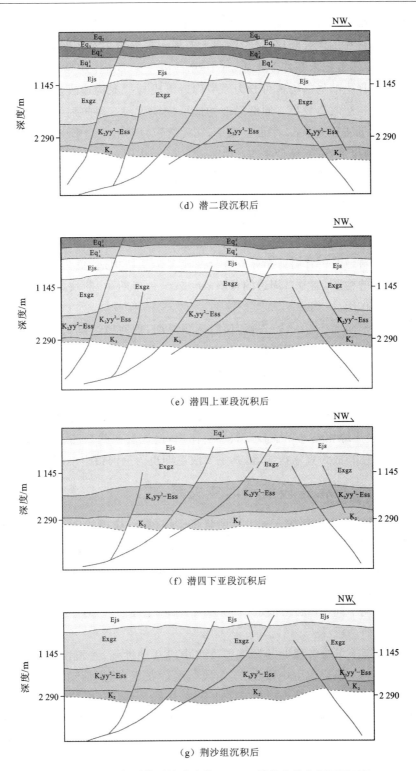

图 5.12　潜北断裂带西坡连片段 ILN120 线构造演化剖面图(续)

潜北断层产生于荆沙组沉积时期,荆沙组、潜四下亚段沉积时期为其剧烈活动时期,表现为明显控制沉积的生长断层性质,潜四上亚段—荆河镇组沉积时期表现为断裂活动逐渐减弱的特点,古近纪末基本停止活动(中-东段由于深部盐作用具有再次活动特点)。

潜北断裂带伴生的局部构造可分为原型构造形成与盐泥构造改造两个阶段,区域构造变动对其局部构造改造较小。原型局部构造形成期为潜三段—荆河镇组沉积时期,东段主干断裂相对平缓且为犁式,平面呈弧形,在此沉积时期形成逆牵引背斜和断鼻局部构造,在中段由于断层陡直,下降盘主体产生强烈的断拗作用,上覆潜江组地层牵引向斜明显。由于中段处于乐乡关近源物源,在狭长的近源带地层具有脆性,产生高密度次生断层,而东段次生断裂发育较少,西段由于地层处于脆性地层次生断裂分布区域较广,次生断裂主要形成期为荆河镇组沉积时期。

盐泥构造的主要形成及其对原型构造的改造期主要在荆河镇组沉积末期,第四纪稍有活动。表现为对逆牵引背斜或断鼻改造分割成多个断块构造,更为重要的是形成了众多的与盐泥有关的构造,如潭口周边的背斜-断块群、钟市断鼻-断块群等,对油气聚集成藏起到了积极的作用。

钟市断鼻的形成期在潜一段—荆河镇组沉积时期,荆河镇组沉积晚期是其主要形成期,由盐泥侵与盐泥滚双重作用形成。潭口凸起的形成期稍早,主要形成期也是荆河镇组沉积晚期,由多套盐泥层叠加盐泥侵-盐泥拱双重作用形成的盐泥隆-穹窿构造,而周缘局部构造是沿凸起边缘斜坡或断面盐泥侵底辟形成的各类断鼻-断块局部构造。其主要形成期为荆河镇组沉积晚期。荆沙红墙的形成时期,表现为以荆沙组沉积时及荆沙组沉积之后,其紧邻断裂边缘相受沉降中心强烈牵引作用,使地层产状高陡,荆河镇组沉积时期盐泥沿断面上侵使其成为直立盐泥墙,其主要改造期也为荆河镇组沉积时期。

5.3.4　潜北断裂带各段活动时空关系

晚白垩世早期,中国东部进入了多旋回拉张作用-拗陷作用的区域引张环境,各个冲断带后缘重力回滑作用,产生北西向展布荆门、汉水双断凹陷,对于第一亚构造层而言,沉积沉降中心为北西向,北西向断层控制第一亚构造层渔洋组—荆沙组沉积(图2.16)。荆沙组沉积之后,潜北断裂活动加剧,对于第二亚构造层呈北东向展布,但是由于潜北断裂带各段活动高峰期不同,造就不同段沉积厚度有差距,总体而言,对于第二亚构造层,中段沉积厚度大于东西两段(图5.13)。

统计潜北断裂上下盘各层时间厚度差发现中段活动性强,东段次之,西段活动性弱(图5.14、图5.15)。断裂产生中段在先,东段与西段在后,断裂活动结束期也是中段最晚。其原因主要与对应的上升盘构造层属性有关,中段上升盘对应的是古生界刚性层,顺向调整断层较少,断层主要集中于潜北断层东西两侧活动,而东西两段上升盘对应的是渔洋组—荆沙组下段,表现为塑性或脆性性质,易于产生顺向断层调整或塑性褶皱,不易产生断层,加之乐乡关隆起本身古地貌高,易于先断后结束。

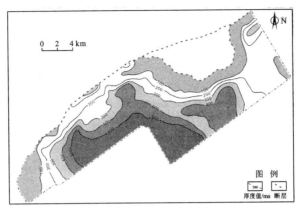

（a）潜北断裂带下降盘荆河镇组残余时间厚度图

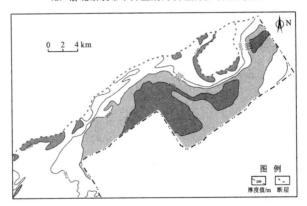

（b）潜北断裂带下降盘潜二段、潜一段残余真厚度图

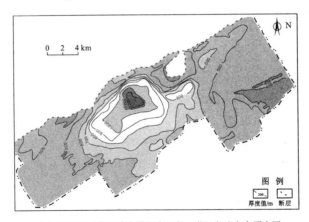

（c）潜北断裂带下降盘潜四上亚段—潜三段残余真厚度图

图 5.13　潜北断层下降盘荆河镇组—潜江组沉积厚度图

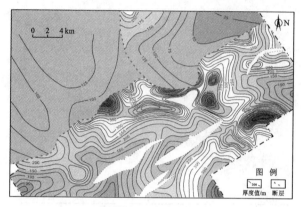

（d）潜四下亚段地层等厚图

图 5.13　潜北断层下降盘荆河镇组—潜江组沉积厚度图（续）

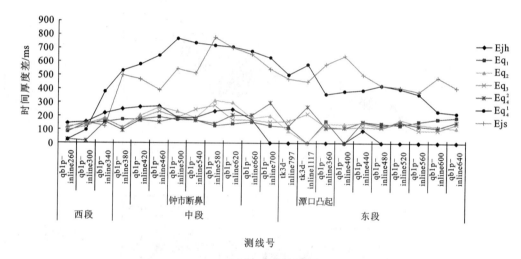

图 5.14　潜北断裂带各段断裂活动比较表（1）

以上下盘同层时间厚度差计算

　　荆沙组—潜四下亚段地层沉积时期表现为中段断裂活动强，东段次之，西段最弱。潭口凸起数值出现大小不一，为盐泥层系塑性流变后所致，钟市断鼻出现数值增大，为盐泥核增厚的缘故。

　　潜四上亚段—潜一段沉积时期表现为中段断裂活动强，东段和西段活动较弱。东段潭口潜一段时间厚度差为0，为下覆盐泥拱升造成剥蚀，潜四上亚段部分有高值，可能为盐泥增厚，中段钟市值相对较小说明盐上层减薄，断裂活动相对弱。

　　荆河镇组沉积时期表现为中段活动强，西段次之，东段由于下覆盐泥拱升导致该层剥蚀，时间厚度差为0，在沉积时期与西段活动性相当或较其弱。中段的钟市断鼻相对薄，断层活动在中段相对弱，分析认为是沉积时受下覆盐拱作用造成沉积较薄的缘故。

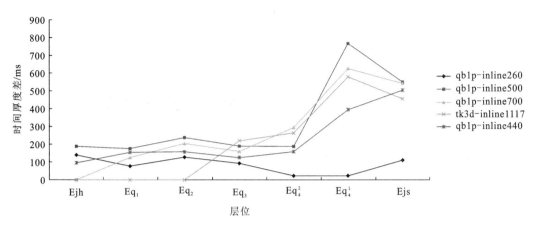

图 5.15　潜北断裂带各段断裂活动比较表(2)

以上下盘同层时间厚度差计算

中段和东段,断裂活动强弱总体表现为潜四下亚段＞荆沙组＞潜四上亚段＞潜二段＞荆河镇组＞潜一段。西段各层段活动相差不大。

总之,潜北断裂带中段断距大,断裂活动性强,东段断裂活动次之,西段活动最弱,荆沙组—潜四下亚段,断裂活动较其他层段沉积时强。

第 6 章　潜北断裂带构造变形机制

江汉盆地形成与演化受制于印支晚期-燕山早期挤压-压扭构造背景条件,在此基础上,受燕山晚期-喜马拉雅期伸展动力学机制作用下形成了一系列北西、北东向断裂带,这两个方向展布的断裂带成因有所不同,潜北断裂带是随着挤压和压扭应力场向拉张伸展应力场转化后产生与演化。以往对潜江凹陷中发育的构造的成因都归纳为盐泥构造形成机制,但对潜北断裂带受盐泥底辟和侵入作用考虑较少,由于江汉盆地中、新生界沉积了两大套富含盐层系,盐与软泥岩层在深埋中,在满足温压条件下塑性流动、底辟等作用下,使潜北断裂和伴生构造在不同地段、不同层系、不同时期都受到了强烈变形改造的影响。

6.1　潜北断裂带及周缘构造变形动力学背景

研究区及周缘地区在印支晚期—燕山期以来,经历了印支晚期—燕山早期的南部华夏板块自南向北的作用力与北部华北自北东向南西方向作用力的强烈对冲挤压。燕山晚期—喜马拉雅期太平洋板块向西北方向俯冲作用的加剧,以及中国西部受到印度板块向北俯冲驱动的青藏板块向东的蠕动作用,致使研究区地幔上隆导致地壳物质向周缘蠕散而拉薄产生的拉张伸展环境。依据动力性质不同,将其分为两类,即印支晚期—燕山早期挤压-压扭动力学机制和燕山晚期—喜马拉雅期拉张伸展动力学机制。其中,燕山晚期—喜马拉雅期拉张伸展动力学机制可以分为燕山晚期北西向断裂构造负反转动力学机制与喜马拉雅期北东向陆内拉张裂陷动力学机制。

6.1.1　印支晚期—燕山早期挤压-压扭动力学机制

江汉平原地区受“大三角”的边界条件限制,因此区内变形变位具有三面围限的特点。即西部黄陵背斜具有砥柱作用,东北部襄樊-广济断裂和南部监利-阳新断裂具有限制作用。受上述条件的制约,江南造山带和秦岭造山带相对逆冲,最大主应力在南部为近南北向,中部荆门-钟祥-京山地区为北东向,西部则呈环形向黄陵背斜收敛,中间的主应力在南部为北西向,中部有明显的弯曲,西部则呈放射状。显示靠近边部则边界条件控制明显,进入内部则为共同控制的特点。在研究区内北北西向、北西向断裂中古生界基底断裂(荆门断裂、汉水断裂)均为印支晚期—燕山早期秦岭-大别造山带与江南-雪峰造山带斜向对冲挤压,大洪山前缘冲断断层。潜北断裂带北缘的北东向走滑断裂为南北弧形推覆体持续挤压在大洪山前缘形成的挤压-压扭断层(图 6.1)。

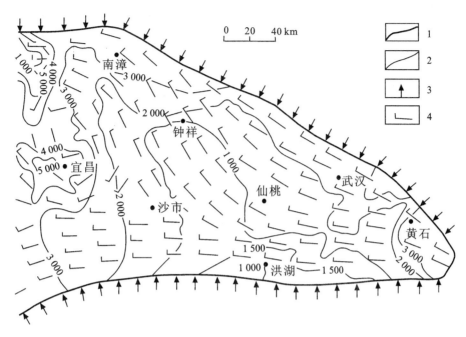

图 6.1　江汉盆地及邻区燕山早期构造应力场数字模拟结果图(周雁等,1999)

1.边界断层;2.差异应力等值线;3.作用方式;4.主应力迹线(长轴为 σ_2,短轴为 σ_1)

6.1.2　燕山晚期—喜马拉雅期拉张伸展动力学机制

1. 燕山晚期北西向断裂构造负反转动力学机制

晚白垩世,中国东部滨太平洋开始出现石圈裂陷作用,研究区这一时期的断裂以北西向、北北西向断裂的大规模负反转断裂为特征,由此形成北北西向展布的半地堑断陷,充填巨厚红色为主的冲积扇和辫状河砂砾岩沉积。这一时期部分北北东向、北东东向断裂开始出现,如研究区附近的问安寺、万城、天门河等断裂,负反转控制着的局部沉降中心,这反映出研究区总体处于南西-北东向或近南北向的拉伸为主。区域应力场模拟也反映出这期原型盆地的发育与北东-南西向的拉伸有关。

区域构造研究成果表明,北北西向断裂的大规模负反转拉伸可能与岩石圈拉张作用有关。秦岭-大别山构造带在早白垩世的热隆起导致了大规模的剥蚀作用,在白垩纪出现过大规模的热隆伸长事件,热隆起的拉张部位位于岳西-罗弯隆一带。深部拆层反转被认为是导致这种热隆的重要作用,大别山区的热扩张轴呈东西向展布,热扩张过程伴随基性岩浆活动。据周祖翼等(2002)的研究,这一热扩张事件可能持续到 85 Ma 左右,核部岩石自 85 Ma 以来的剥蚀量要比两翼多 1 528.8 m。这一阶段研究区主要处于热隆阶段,裂变径迹对这一热事件的存在提供了证据。从早白垩世热隆作用转为晚白垩世热伸张作用。从盆地内的岩浆岩活动和沉积作用来看,这一事件可能延续到白垩纪末。在黄陂一带出露白垩纪的基性火山岩(玄武岩)。因此,白垩纪盆地的发育与秦岭-大别造山带在白垩纪出现的热隆作用和伸长变形作用可能处于统一构造热背景。古近纪早期北北西向断裂已基本停止活动,岩浆岩类型也发生了明显变化。

2. 喜马拉雅期北东向陆内拉张动力学机制

从区域重力异常上看,江汉盆地及周缘的岩石圈具有明显的地幔隆起,拉张变薄特征。盆内的潜北凹陷、通海口凹陷,江陵凹陷、天门河凹陷及荆门凹陷等与布格异常带对应。从武汉一带向西地壳厚度加厚,达 40 多千米。从电测剖面反演的岩石圈结构可以看出,盆地区的岩石圈厚度变薄到 60~70 km,而周边的岩石圈厚度为 120~150 km,地壳厚度也相应变薄。显然,盆地的形成与岩石圈的拉伸变薄有关。

纯剪切的裂谷盆地形成机制认为,岩石圈的拉伸变薄是均匀的变薄过程,岩石圈的最大变薄带,盆地的最大沉降中心以及莫霍面、软流圈的隆起部位是相一致的。另一种形成机制是所谓的简单剪切模型,沿大规模的低角度拆离面的伸长导致岩石圈的变薄是不对称或不均匀的。从区内的岩石圈变薄和盆地的分布特征及其结构特点可以看出,总体上是一种均匀的纯剪切拉伸的过程,为此,可依据地壳的变薄和岩石圈的结构估算岩石圈的拉张系数。从周边的情况可设定火山拉张前的地壳厚度为 42 km,以最小厚度为 28 km计算,地壳的拉伸系数约为 1.5。根据由测深剖面计算的岩石圈的拉张系数为 1.8(原始厚度约为 130 km,最大变薄厚度为 70 km)。另外,从盆地最大沉降中心反演构造沉降量,与理论模型拟合,也可估算拉伸系数。除了个别部位可高达 3 以外,大部分相对沉降较深的洼陷带的拉伸系数为 1.5~1.8,这与地壳和岩石圈结构估算的范围大体一致。拉伸系数是描述岩石圈伸长变薄程度的一个重要参数,其大小决定着盆地的沉降和深部热变化。

6.2　主干断裂形成机制

由于研究区经历多阶段的、不同地球动力学背景的构造运动,不同走向的断裂纵横交错,现今断裂分布极其复杂,但是研究区可以明显识别出北北西向的荆门断裂、汉水断裂及北东向的潜北断裂这两个不同方向的主干断裂。这两个方向的主干断裂形成机制及对沉积体系的控制明显不同。

6.2.1　北北西向主干断裂形成机制(荆门断层、汉水断层)

印支末期—燕山早期,江南-雪峰造山带向西北方向扩展,对江汉盆地产生了自南东向北西方向的挤压力,秦岭-大别造山带对江汉盆地产生了由北东向南西方向的挤压力。致使大洪山前锋推覆体与西部反向冲断构成不对称对冲构造,在大洪山推覆体前缘南部形成北东向的荆门、汉水逆冲断层。

燕山晚期—喜马拉雅早期后,中国东部进入了多旋回拉张作用-拗陷作用的伸展阶段,晚白垩世早期荆门断裂在区域引张作用下,强烈回滑负反转,形成北西向展布的荆门、汉水双断地堑,控制了渔洋组—沙市组—新沟嘴组沉积。

晚白垩世晚期—古近纪期,由于受到滨太平洋壳幔活动,地壳引张加剧,伴随着玄武岩喷发,产生不均衡左旋掀斜、剥蚀,早期的双断地堑改造为半地堑。

古近纪晚期荆门断层和汉水断层所控制的荆门凹陷和汉水凹陷在潜北断裂带以北为暴露剥蚀。新近系中新统,在区域重力作用下,进入了缓慢的拗陷阶段,接受了新近系广华寺组和第四纪平原组沉积,与下伏地层呈角度不整合接触。

6.2.2 北东向主干断裂形成机制(潜北断裂)

印支晚期—燕山早期北部大洪山推覆体和南部江南–雪峰滑脱推覆体两大弧形构造带对冲式挤压,由于南北活动具有分时性,南部弧形推覆体形成时间比北部大洪山推覆体形成时间要早,随着华南板块与华北板块碰撞,东秦岭–大别造山带产生自北东向南西方向的挤压应力,北东向的挤压应力在向前传递过程中受到了南部弧形构造带的阻挡,在对先成构造改造的同时,在大洪山弧形推覆体南部形成走滑逃逸构造,在潜北断裂带北盘形成北东向的左行走滑压扭断层。

晚白垩世晚期,区域应力逐渐发生转变,转换为北东向张性应力背景,在早期左行走滑断裂层的南侧,逐渐转变为南东倾向的坡折,渔洋组—新沟嘴组沉积时期,潜北断裂带南侧为古残丘所分割的两个次凹,形成潜北断裂带的雏形。

古近纪中晚期,北东向拉张剧烈,先期左行走滑断裂的南侧坡折转变为潜北断裂带,特别是潜江组沉积时期,潜北断层活动强烈,其前缘形成整个盆地的裂陷或拉伸中心,潜北断裂带南盘为统一凹陷。

新近系中新统,在区域重力作用下,盆地进入缓慢的拗陷沉降期,主要沉降中心位于潜北断裂洼陷。

6.3 局部构造形成机制

潜江凹陷在白垩纪—新近纪经历了两次断陷–拗陷旋回,干旱–半干旱古地理气候、封闭–半封闭的古地理环境,相应地形成了两套盐泥巨层序。各个塑性层在后期诱发机制下,均产生了不同程度的塑性变形。

6.3.1 盐构造变形机制

盐构造是指由于盐岩流动引起上覆地层隆起、变形而形成的构造。其基本原理是由于盐岩具有塑性,当一定厚度的盐岩达到一定的埋深时,在不均衡负荷作用下,盐岩就可以发生塑性流动,由高压区向低压区流动,在其流动过程中若遇到沉积岩的薄弱带或低压区,盐岩就可以上侵拱起,形成构造。

1. 盐构造变形条件

盐体的塑性流动和非常规变形是盐构造的主要特点,盐岩有时在几百米深处就可以流动,这主要与盐的纯度、地热梯度、盐岩的干湿度等因素有关,一般来说,湿盐比干盐容易流动。在多数盐盆中,深度达到 2 500～3 000 m、温度约 100 ℃时,盐就可以发生塑性流动。盐构造有以下六种触发机制：①浮力作用；②差异负载作用；③重力扩张作用；④热对流作用；⑤挤压作用；⑥伸展作用（图 6.2）。

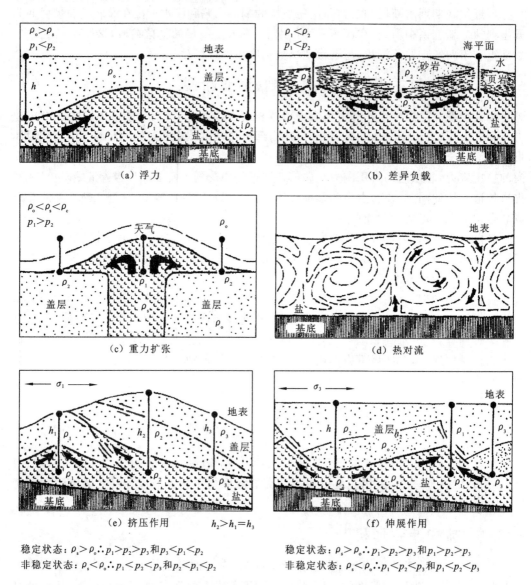

稳定状态：$\rho_s>\rho_o\therefore p_1>p_2>p_3$ 和 $p_3<p_1<p_2$
非稳定状态：$\rho_s<\rho_o\therefore p_1<p_2<p_3$ 和 $p_2<p_1<p_2$

稳定状态：$\rho_s>\rho_o\therefore p_1>p_2>p_3$ 和 $p_1>p_2>p_3$
非稳定状态：$\rho_s<\rho_o\therefore p_1<p_2<p_3$ 和 $p_1<p_2<p_3$

图 6.2　盐构造形成的六种触发机制示意图（徐伟等，2015）

　　很早就有学者提出了浮力作用下形成盐底辟的假设，当密度发生倒转时，在重力作用下，随着密度更大的上覆地层的下沉，盐体会向上抬升，但模拟实验结果表明，上浮力对盐构造的触发作用并不是很明显。差异负荷作用是指盐上地层厚度、密度和强度在侧向上发生变化，可分为三类：一是由于上覆地层遭受剥蚀而引起的剥蚀差异负荷；二是由于沉积作用导致的差异负荷；三是由构造作用形成的差异负荷。重力滑动和重力扩展作用造成盐构造主要与陆坡环境或造山带前缘由于山系抬升形成的构造斜坡有关。热对流作用形成的盐底辟,是由于底部较热的盐体膨胀上升,并使密度减小,岩层在热对流的作用下发生反转形成的盐构造。区域伸展作用和区域挤压作用形成的地堑下部隆起,其隆起速率受伸展速率控制,同时伸展断层可以使上覆层在局部减薄,从而在构造作用下形成差异负荷,促使盐构造的形成。

2. 伸展盆地中盐泥构造形成机制

杨瑞琪(1981)较系统地研究了渤海湾盆地东营凹陷古近系的塑性层构造,提出其成因机制包括以下三个方面:①塑性层因围压失去平衡压力梯度降低发生塑性流动;②岩层的密度反转引起塑性流动;③重力滑移作用。此外还强调了水平张扭应力场的影响。机制①实质上是差异负载作用。它是指由于上覆层出现的厚度或相的变化导致塑性层侧向压力差,促使塑性层从高压区流向低压区。差异负载作用致使盐或泥构造的发育具有普遍性,但引发的构造变形往往是在局部的,且变形幅度较小,并非是盐或泥构造最根本的触发机制。密度反转强调是浮力作用,这是经常引发盐或泥构造的成因机制。该机制认为当盐或泥层被上覆层埋藏到一定深度时,上覆层的密度变得大于盐或泥岩的密度,导致密度反转,产生 Rayleigh-Taylor 不稳定性,促使盐或泥构造的发育。然而该机制强调上覆层一般要达到一定厚度时才能形成密度反转,并且不稳定性只有在上覆层存在流变体时才能产生。

费琪等(1982)在研究东营凹陷盐泥底辟构造的形成过程中,认为直(重力)和水平(扭应力)链两个方向的应力都是较强的变形,并着重强调了重力因素是造成底辟的直接原因。

刘晓峰等(2005)在研究东营凹陷盐泥的形成机制中考虑到以下几点:①盐层与纯盐或泥相比,其流动能力弱;②研究区盐泥构造背景发育时间较早;③研究区处于区域伸展应力背景下;④研究区发育的盐泥滚构造是区域伸展作用的产物,认为区域伸展作用下重力滑动作用是东营凹陷盐泥构造样式的主导机制。

重力滑脱在东营凹陷盐泥构造形成中起的作用表现在以下两个方面:①触发盐泥层的聚集和隆升;②引起薄皮滑脱作用(薄皮伸展和薄皮挤压)。伸展断层作用促使上覆层局部减薄且变薄弱产生构造差异负载作用,诱发从动底辟作用,能够从任何厚度、密度或岩性的上覆层之下隆升。并认为就变形机制而言、盐泥构造以重力滑动作用为主,而上浮作用(密度反转)和差异负载影响较小。

佘晓宇等(2013)在研究江陵凹陷八岭山多层系盐泥构造形成机制时认为该区多套盐泥构造形成因素存在四个方面:①下伏渔洋组—沙市组岩盐层系产生底辟使新沟嘴组底面产生断折面,使新沟嘴组膏泥层系具有易于产生底辟的底板条件;②渔洋组—沙市组盐岩层底辟上隆,横弯褶皱转化为使上覆地层拉张,水平方向具有伸展作用;③由于渔洋组—沙市组盐丘构造的持续生长,导致上覆地层背斜薄而南北两翼厚,差异负荷的增加,有助于盐泥构造的形成;④江陵凹陷在晚白垩世—古近纪,经历了两期多幕的玄武岩喷发期,地震揭示,背斜高部位沙市组中段、潜江组—荆河镇组可见多个强反射蚯蚓状同相轴,为火山岩溢流相,晚期的火山活动形成了强烈的热对流作用,有助于新沟嘴组盐泥构造的产生。并认为八岭山-花园多层系盐和盐泥构造的主导机制为差异负荷和火山热对流机制作用的结果,而伸展作用是盐刺穿构造的结果,古构造坡折是盐泥构造形成的充分条件。

6.3.2　潜北断裂下降盘盐泥构造形成机制

　　江汉盆地经历了两次断陷-拗陷旋回,沉积两套盐泥层系,并在潜北断裂下降盘形成各种类型的盐-泥构造,依据其底板条件不同、盐泥层运动方向不同,其形成的动力机制可以分为浮力作用、差异负荷作用、差异负荷与重力滑脱挤压共同作用、差异负荷与重力扩张共同作用、差异负荷与伸展共同作用、差异负荷与重力滑覆滚动共同作用六大动力机制(图6.3)。

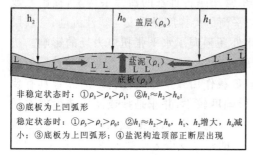

（a）浮力作用

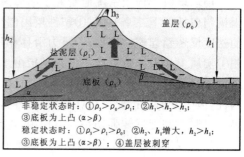

（b）差异负荷

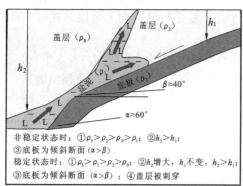

（c）差异负荷与重力滑脱挤压

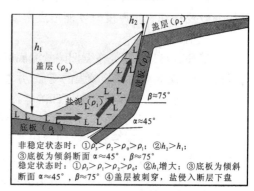

（d）差异负荷与重力扩张

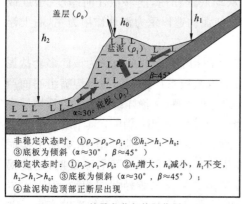

（e）差异负荷与伸展作用

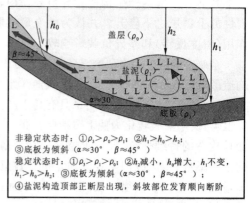

（f）差异负荷与重力滑覆滚动

图6.3　潜北断裂带下降盘盐泥构造动力学机制模式图

　　浮力作用主要表现为当底板密度＞盖层密度＞盐泥层密度时,底板条件为上凹弧形,埋深到达一定深度后,盐泥层塑性增强,凹弧两边的盐泥层向中间凹处运移,中间盐泥层上拱,顶部处于张性环境形成张性断层。

　　差异负荷主要表现为当底板密度＞盖层密度＞盐泥层密度时,底板条件为上凸弧形,且两边的弧度不一致,埋深到达一定深度后,盐泥层塑性增强,左右两边的盐泥层由于受到差异负载,均沿着上凸弧面向上聚集,将盖层刺穿,形成顶部盐泥刺穿构造,在两翼形成盐边断层。

　　差异负荷与重力滑脱挤压共同作用主要变现为当底板密度＞潜北断层上升盘的盖层密度＞潜北断层下降盘的盖层密度＞盐泥层密度时,底板条件为倾斜断面,且上缓下陡,底部倾角约为 60°,上部倾角约为 40°,在倾斜断面上部有从上到下的重力滑脱,对下部的盐泥层有一个挤压的环境,当盐泥层埋深到一定深度后,盐泥层塑性增强,界面倾斜,差异负载。盐泥层表现为沿倾斜界面刺穿和向上刺穿,但是上部重力滑脱对其有挤压作用,盐泥层侧向运移不会很远,主要为向上刺穿。

　　差异负荷与重力扩张共同作用主要变现为当底板密度＞潜北断层上升盘的盖层密度＞潜北断层下降盘的盖层密度＞盐泥层密度时,底板条件一侧为倾斜断面。断面下缓上陡,底部倾角约为 45°,上部倾角大于 75°。当盐泥层埋深到一定深度后,盐泥层塑性增强。由于差异负荷,盐泥层向断面一侧脆弱带运移,随着埋深的增加,盐泥层刺穿盖层,甚至侵入断层下盘的中古生界地层中,形成盐侵天窗。

　　差异负荷与伸展作用共同作用主要变现为当底板密度＞盖层密度＞盐泥层密度时,底板条件为倾斜斜坡,斜坡下缓上陡,下部倾角约为 30°,上部倾角约为 45°。当盐泥层埋深到一定深度后,盐泥层塑性增强,由于差异负荷,盐泥层沿斜坡向上运移,聚集在斜坡上,盐泥层上部为背斜,剖面表现为盐泥核,空间展布为条带状的盐泥墙,在其顶部表现为拉张环境,形成共轭断层切割的盐泥上背斜。

　　差异负荷与重力滑覆滚动共同作用主要变现为当底板密度＞盖层密度＞盐泥层密度时,底板条件为倾斜斜坡,斜坡下缓上陡,下部倾角约为 30°,上部倾角约为 45°。当盐泥层埋深到一定深度后,盐泥层塑性增强,由于差异负荷,斜坡上的盐泥层沿着斜坡向下部滑覆滚动,在底部形成盐泥核,盐泥核上部处于被动拉张环境,在顶部形成张性断层,在斜坡上部形成顺向断阶。

6.3.3　潜北断裂带各段构造变形机制

　　潜北断裂下降盘存在着局部构造原型形成与塑性改造两个主要阶段,由于断裂上下盘地层塑性、脆性程度和产状等地质条件的不同,原型构造类型在各段存在不同。加之,由于盐泥塑性变形作用强度、方式、时间和塑性条件存在差异,对原型盆地改造有所不同。

1. 东段构造变形机制

1) 东段东部构造变形动力学机制

　　印支末期—燕山早中期,南北造山带对冲式挤压作用,在燕山中期的压扭作用使断裂带上升盘产生北东向走滑断裂系,燕山末期构造应力体制转换,为伸展的裂陷期。在其南侧产生坡折,渔洋组—荆沙组下段主要受到汉水断层的控制,长轴方向为北北东向展布的盆地,荆沙组下段沉积后,潜北断裂产生,早期断层较陡,为漏斗式结构,至荆河镇组时期,断层为铲状条件下,潜四上亚段—荆河镇组产生逆牵引背斜,断裂带两盘的牵引和逆牵引作用较为明显,并为随后产生的马尾式次级断裂切割。喜马拉雅中期,印度板块挤压远源作用,抬升隆起,构造顶面遭受剥蚀(图 6.4)。

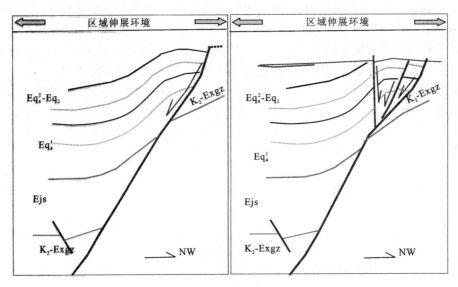

图 6.4　潜北断裂带东段东部关键时刻动力学变形机制(北东向)

2) 东段西部构造变形动力学机制

潭口凸起,在潜北断层生长和古残丘的基础上,下降盘形成了逆牵引背斜或断背斜构造原型。由于上升盘重力滑脱与渔洋组—沙市组、潜四下亚段两套盐泥塑性蠕动、侵入增厚主断面弯曲右旋抬升,造成下降盘原型背斜剥蚀,形成了潭口凸起穹窿和盐泥隆上下叠置构造。在其西翼,沿着凸起西斜坡为底板的潜四下亚段盐泥底辟上拱形成盐泥脊或盐泥柱,使盐上层变形为长轴为北东—北北东向背斜,盐泥拱增强近一步改造为一组以北东向对向共轭断层切割改造为主的断块构造。在南翼,沿着凸起西坡为底板的潜四下亚段、渔洋组、荆沙组多套盐泥层上侵至上、下盘,形成了盐泥上断层鼻状构造并由潭二断层切割。强烈的盐泥核压力使盐泥侵至上升盘,形成了逆断层。在东翼地层,牵引下拉和盐泥层沿古残丘上倾双重作用,形成了鼻状和单斜背景上的断块构造。在西北翼则基本保持由潜北断层控制的断鼻原型构造,受南部盐泥隆抬升剥蚀影响,塑性作用直接影响较小。

在白垩纪—新近纪时期北东向区域伸展环境下,潭口凸起及周缘构造变形有两个关键时刻。第一,印支期—燕山期南北造山带对冲式挤压作用,形成了荆门、汉水冲断断裂和潜北断裂带北缘的北东向压扭断裂。燕山末期,构造应力转换,逐渐变为张性环境,这些先期形成的荆门断裂、汉水断裂,回滑逐渐变成控渔洋组—新沟嘴组沉积时期的边界断裂,形成"两拗两隆"格局。而乐乡关隆起在潜北断裂带附近,逐渐变成坡折带,在潜北断裂带下降盘可见乐乡关相对应的古残丘,在渔洋组—荆沙组下段沉积时期,将其分割为两个次洼,潜江组沉积时期,与乐乡关相对的先断且沉降幅度大、持续时间长,为一个完整的拗陷。第二,随着沉积活动的持续进行,先期沉积的盐泥层埋深加大,上下盘差异负荷和重力不均衡及其深层渔洋组—荆沙组下段的盐泥层塑性增强,深层下降盘盐泥沿潜北断层面向潭口凸起塑性流动聚集增厚,断面下残丘顶面为底板底辟上拱,使上覆地层褶皱成背斜剥蚀改造,进而转为穹窿,并且产生盐泥边向斜、背斜、断块和龟背构造(图 6.5)。

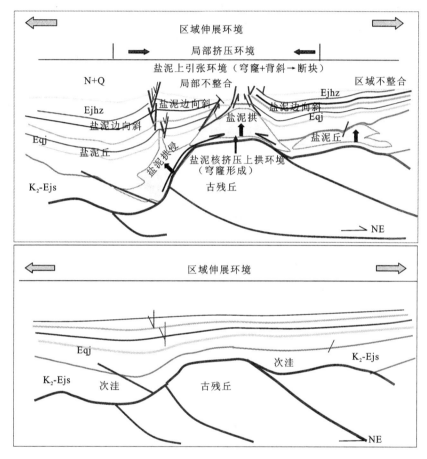

图 6.5　潭口凸起及周缘构造变形的关键动力时期动力学机制模式图

(1)潭口凸起东缘变形动力机制

印支末期—燕山早中期,南北造山带对冲式挤压作用,在燕山中期的压扭作用使断裂带上升盘产生北东向走滑断裂系,燕山末期构造应力体系转换,为伸展的裂陷期。先期汉水冲断断层发生反转控制了渔洋组—荆沙组下段沉积,长轴方向为北北东向展布的盆地,荆沙组下段沉积后,潜北断裂产生,断层产状陡直,使荆沙组、潜江组、荆河镇组产生强烈的牵引作用,断距大,沉降作用较为剧烈,荆河镇组沉积时期,牵引张力作用产了复式马尾式断裂构造。而远离断裂下盘处处于牵引作用产生的差异负荷,在潜四下亚段产生盐泥丘构造而使上覆地层发生同轴背斜,断裂带两盘地层受牵引作用较为明显。喜马拉雅中期,印度板块挤压远源作用,抬升隆起,构造顶面遭受剥蚀。

　　潭口凸起东缘构造变形关键时刻:①潜江组沉积时期潜北断层下降盘快速下滑,导致上升盘强烈牵引拉张,产生顺向断阶节节下掉,并且滑脱断层雏形产生,下降盘形成逆牵引背斜或断背斜;②上下盘差异负荷和重力不均衡及其深层盐泥塑性增强,上下盘处于前缘挤压环境,深层下降盘盐泥沿潜北断层面塑性流动,上升盘地层产状变陡,先期的断块向东南方向滑脱,产生重力滑脱构造,而下降盘盐泥沿潜北断层强烈向北塑性流动,产生了盐泥核和深层挤压环境,使上升盘挤压成三角构造,并且盐泥沿断裂刺穿上拱,使上覆地层处于引张环境,形成的盐泥上断块、盐泥拱产生了背斜后遭受剥蚀成盐泥边背斜(图6.6)。

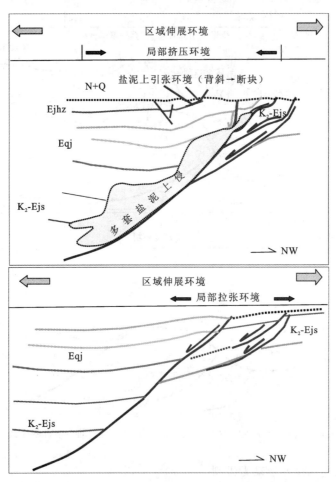

图 6.6　潭口隆起东缘构造变形关键时期的动力学机制模式图

　　(2)潭口凸起构造变形动力机制

　　印支末期—燕山早中期,南北造山带对冲式挤压作用,在燕山中期的压扭作用使断裂带上升盘产生北东向走滑断裂系,燕山末期构造应力体系转换,为伸展的裂陷期。渔洋组—沙市组沉积时期,为坡折向断裂坡折转变带。荆沙组沉积时期,潜北断裂产生负荷差异,在潜江组沉积时期,盐泥构造产生,荆河镇组沉积后,盐泥拱和盐泥侵作用强烈,在古生界低凸起上形成了与盐泥构造有关的构造组合。喜马拉雅中期,印度板块挤压远源作用,抬升隆起,构造顶面遭受剥蚀。

潭口凸起构造变形有两个关键时刻:①潜北断层下降盘快速下滑,导致上升盘强烈牵引拉张,产生顺向断阶节节下掉,并且滑脱断层雏形产生,下降盘形成逆牵引背斜或断鼻;②上下盘差异负荷和重力不均衡及其深层盐泥塑性增强,上下盘处于前缘挤压环境,深层下降盘盐泥沿潜北断层面塑性流动,上升盘地层产状变陡,向东南方向产生重力滑脱构造,而下降盘盐泥沿潜北断层向北强烈塑性流动,产生了盐泥核和深层挤压环境,使上升盘挤压成三角构造,并且盐泥沿断裂刺穿上拱,使上覆地层处于引张环境,产生了背斜后剥蚀成穹窿构造及其盐泥边向斜和背斜(图 6.7)。

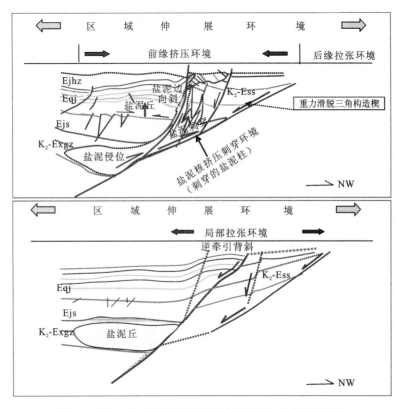

图 6.7　潭口凸起构造变形关键时期的动力学机制模式图

2. 中段构造变形机制

中段东与中段西成因存在差别,对于中段西,一方面潜四下亚段盐泥沿主断裂面上侵和地层牵引下拉作用的影响,使地层产状变陡;另一方面,以西斜坡为底板,潜四下亚段盐泥层向东塑性滚动滑覆,在深凹与斜坡转折处底辟上拱,由此盐上层产生北西向的北高南低的、由主断裂控制的钟市断鼻构造,随着底辟作用的进一步增强,产生了由顺向断层为主反向断层为辅切割的断块局部构造群。中段东的蚌湖地区,由于下降盘紧邻沉降中心,紧邻断裂下降盘强烈的牵引下拉作用,地层表现为高倾的单斜,后期的顺向断裂和断裂间不均衡作用形成的反向断裂切割成断块构造群。由于处于沉降中心,底板平缓,盐泥底辟作用较小。

1）潭口凸起西缘构造变形动力学机制

潭口凸起西侧变形机制主要是潜四段盐泥层、差异负荷和重力不均衡以潜北铲式断裂为底板发生塑性流动，盐泥核挤压上拱，在底板平缓处塑性流动底辟上拱使上覆地层张裂形成放射状展布的断裂。

潭口凸起西缘构造变形的关键时刻包括：①上下盘处于局部拉张环境，潜北断层下降盘快速下滑，导致上升盘强烈牵引拉张，产生顺向断阶节节下掉，并且滑脱断层雏形产生，下降盘形成逆牵引背斜或断鼻。②差异负荷和重力不均衡及其深层盐泥塑性增强，上下盘处于前缘挤压环境，深层下降盘盐泥沿潜北断层面塑性流动，上升盘滑脱向东南挤压，在潜北断裂深层处于挤压应力集中区。因此，盐泥以断面为底板底辟上拱刺穿，横弯褶皱使上覆地层褶皱成背斜，进而产生的引张作用使产生的共轭断层将背斜分割成断块（图 6.8）。

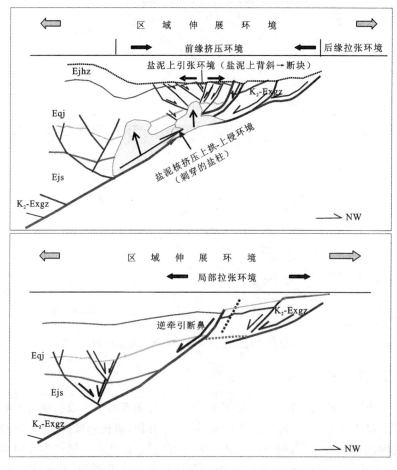

图 6.8　潭口凸起西部构造变形时期动力学模式图

2）蚌湖构造变形动力学机制

蚌湖变形机制为伸展-裂陷作用下，潜北主断层以高角度滑动作用为主，下降盘各个顺向断阶作用形成多个反向断块,顺向次级断阶消减于深层塑性变形层中,形成多字型结构。

蚌湖构造变形的关键时刻:潜江组沉积时期、潜北断裂带下中段先于东西两段先断开,且沉降幅度大、持续时间长,为一个完整的拗陷。上下盘处于局部拉张环境,潜北断层下降盘快速下滑,在下降盘形成逆牵引背斜。由于荆沙组上段砂层含量较多,表现为相对脆性,上覆沉积加厚,埋深加大,且区域为拉张环境,在渔洋组—荆沙组下段盐-泥层上方形成一系列正断层,随着沉积活动的进一步进行,潜江组沉积时期沉积盐-泥层埋深的加大,在先期荆沙组上段沉积后的正断层为底板的基础上,造成了重力不均衡,下降盘潜四段盐泥拱上隆,在其上方的潜一段—潜四段塑性层变形为背斜、在相对的脆性的荆河镇组变形为引张断块。在盐泥构造边缘靠近潜北断裂一侧形成顺向断阶,在顺向断阶间的断块伴随盐泥拱牵引产生断裂间地层不均匀错断,形成一些多字型小断裂(图 6.9)。

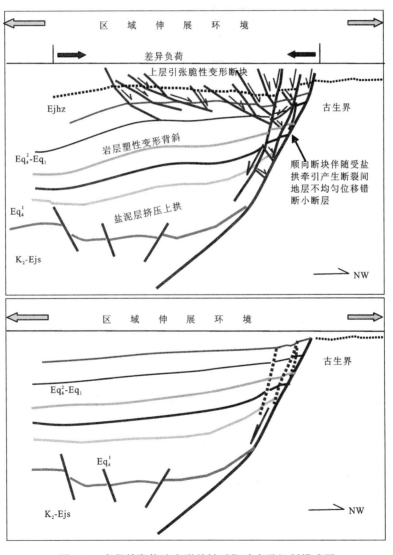

图 6.9　中段蚌湖构造变形关键时期动力学机制模式图

3) 钟市断鼻构造变形动力学机制

燕山中期压扭作用使上升盘产生北东向走滑断裂系统。潜江组沉积时期,在伸展-拉张作用下,钟市潜北铲式主断层滑动,由深至浅由老至新产生同向调节断层,收敛于主干断层,并进一步发育次级断层。潜四段盐泥沿西坡底板滑脱断层塑性流动凹陷底部滚动增厚上拱,使上覆地层形成局部背斜或断鼻,后缘盐泥减薄抽空产生倾向断层。

钟市断鼻(北西向)构造变形的两个关键时刻。第一,上下盘处于局部拉张环境。潜北断层下降盘快速下滑,导致上下盘强烈牵引拉张,在上升盘产生顺向断阶节节下掉,远离潜北断裂带的产生与潜北断裂倾向相反的顺向断阶整体类似碟盘状。第二,沉积活动持续,潜北断裂快速下滑,上盘燕山期压扭断层以南的中古生界地层在下降盘的牵引作用下逐渐下拉。下降盘以潜四段底部断裂为底板,对于潜四下亚段的盐-泥层造成重力不均衡及差异负荷、潜四段盐-泥塑性增强,南侧断层重力滑脱,盐泥核由挤压作用形成盐泥滚,盐泥上由张性环境形成断裂,下盘靠潜北断层附近处于局部挤压环境,深层下降盘盐泥沿潜北断层面塑性流动,盐-泥侵位使上覆地层褶皱形成背斜,而盐上为张性环境使产生共轭断层将其分隔为断块(图 6.10)。

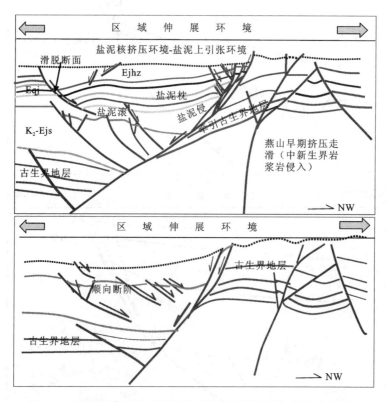

图 6.10　钟市断鼻构造变形关键时期动力学机制模式图(北西向)

钟市断鼻(北东向)构造变形的两个关键时刻包括:①潜二段沉积时期,在区域伸展作用下形成顺向断阶及深部地垒。②随着地层埋深加厚、潜四下亚段塑性层塑性增强。潜北断裂带滑脱、后缘拉张先期所形成的顺向断阶在重力滑脱的作用下向下拖拽为叠瓦断阶。而前缘挤压环境、潜四下亚段盐-泥层以先期深部地垒断层为底板左旋上拱产生盐泥滚,形成背斜及盐泥边向斜,而盐泥上为拉张环境形成断块(图 6.11)。

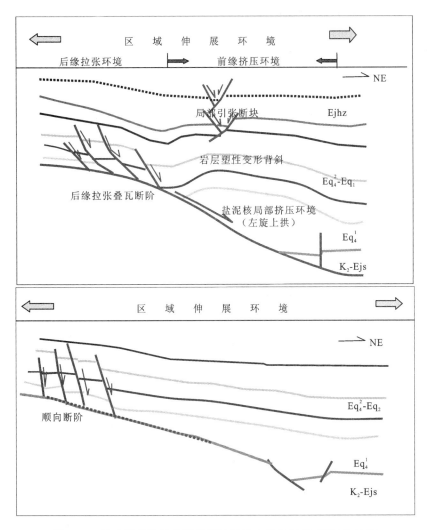

图 6.11　钟市断鼻构造变形关键时期动力学机制模式图(北东向)

3. 西段构造变形机制

西段东由于处于潜北断层的尾翼和凹陷边缘,盐岩层系分布相对较少,构造层系砂质含量增多,明显缺少盐泥塑性作用的影响。以潜北断裂为主上下盘南倾顺向断裂带并与高密度次生反向屋脊断块构造分布,分支断裂控制的断块平面展布环绕凹陷周缘,次生分支断裂走向在一定程度上受控于潜北主干断层。西段西以北倾断裂控制的反向断块为主,平面总体为北东向展布。

西段东构造变形的两个关键时刻包括:①荆沙组沉积之前,处于北部荆门拗陷与南部潜江凹陷在坡折过渡带的基础上,形成了以潜北断裂带为主的上下盘均产生了顺向断阶,各个段层随着进一步形成次级断层,构成 Y 型构造样式。②潜江组沉积时期,为潜北断裂带同生活动期,重力滑脱-滑覆,由于处于凹陷边缘,盐-泥系地层分布相对较小,砂质含量明显增多,缺少塑性的影响。总体表现为以潜北断层为主的 Y 型构造样式、顺向断阶、反向屋脊、反向分支断层(图 6.12)。

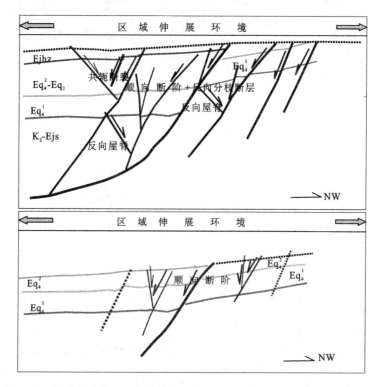

图 6.12　潜北断裂带西段东构造变形关键时期动力学机制模式图(北西向)

西段西构造变形的两个关键时刻包括:①渔洋组—新沟嘴组沉积时期,处于北部荆门拗陷与南部潜江凹陷在坡折过渡带的基础上,从地层厚度来看,中间厚两边薄,呈碗碟状,在伸展拉张应力体系下,形成了地垒。②潜江组沉积时期,沉积厚度北部相对南部较厚,期间为过渡带,以北倾反向断阶为主,在先期地垒北部断层形成马尾状断块,表现为构造转换带,也表明西部斜坡北部构造转换带存在物源的可能性大(图 6.13)。

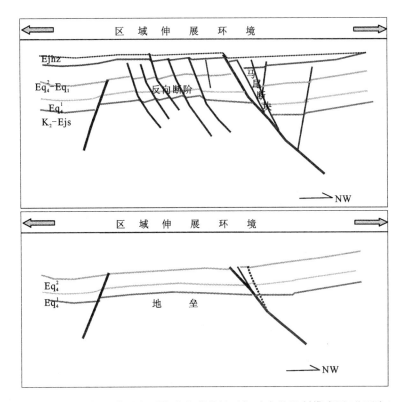

图 6.13　潜北断裂带西段西构造变形关键时期动力学机制模式图（北西向）

第 7 章　控油作用及有利区带分析

通过几十年的油气勘探和研究,潜江凹陷的石油地质条件研究已取得了丰硕成果。本次着重围绕潜北断裂带及其伴生构造的油气新发现展开研究工作。首先,针对钟 107 井、钟斜 351 井、钟 112 井、钟 115 井、钟 113 井、钟 114 井等钻探成功与失利的构造分析,结合生、储、盖、运、聚、保石油地质条件,研究各要素匹配关系及其圈闭类型,分析圈闭有效性和油气分布规律,总结潜北断裂带控油作用,提出有利潜力区。

7.1　石油地质条件

研究区在白垩纪—古近纪经历了燕山晚期—喜马拉雅期运动的大规模拉张、断块运动,形成内陆断陷盆地,且以内陆盐湖沉积为主要特征,经历两次断陷-拗陷的构造、沉积旋回,新近纪末全盆不均匀隆升并结束了湖相沉积环境,新近纪和第四纪平原沉积不整合覆盖在白垩系—古近系之上,形成了渔洋组—荆沙组含油气系统与潜江组含油气系统。本次主要针对潜江组含油气系统进行评价(卢明国等,2004)。

江汉盆地潜江组为高盐度、强蒸发环境下的氯化钠型盐湖沉积,沉降、沉积和浓缩中心位于潜江凹陷,潜江凹陷潜江组为北部单向物源供给的缓坡、陡坡三角洲-盐湖沉积体系,沉积厚度达 4 500 m(李传华,2006;卢明国等,2006),盐韵律十分发育,多套砂泥岩夹于盐韵律层段之中构造成多套生储盖组合。生油岩厚度大,虽然剩余有机碳含量低,但母质类型条件好,以腐泥型为主;转化率高,生油条件好,生油中心与盐湖浓缩中心一致。砂岩储集层不发育,最厚约 500 m,变化快,自北向南快速减薄,在离潜北边界断层 5~25 km 的距离内先后尖灭(李春荣等,2004),砂岩分布范围只占凹陷面积的 64%。被众多、纵横交错的砂岩尖灭,与构造、断层配合形成大量的岩性圈闭。在差异负荷与构造、断裂活动的诱发下,盐-泥顶塑性流动形成各种盐泥构造样式,为盐湖主要构造圈闭类型。油气分布特点为:①盐间多油层组含油,纵向油气分隔。由于盐韵律层的分割,油气纵向运移条件差,以分层段横向运移为主。②盐湖浓度中心控制了油气分布与富集。蚌湖、周矶浓度中心盐韵律地层最为发育,砂岩发育区叠置,其周缘断层多、盐构造多、岩性圈闭多,以及含油组、油藏类型最多、油气最为富集。远离盐湖浓缩中心油田少、含油层少、含油丰度变低(李春荣等,2004)。③岩性油藏发育。④断层小、构造幅度小、含油气面积小的构造油藏多成群分布,在盐岩发育区多属盐构造油藏,在淡化区多属断块构造油藏。⑤盐间非砂岩油藏油气资源十分丰富,盐韵律层中的非砂岩是良好生油层,生成油气被上下盐层阻隔,初次运移条件很差,滞留其中,形成"自生自储"式油藏,具有单层薄、层数多、分布广且稳定、累计厚度大的特点(李春荣等,2004;陈凤玲,2007)。

7.1.1　潜江组烃源岩条件

　　潜江组沉积时期属于中亚热带半干旱-偏湿的古气候,潜江凹陷的潜北断层和通海口断层控制了潜江组暗色泥岩的分布。潜江组主要发育盐岩、暗色泥岩、砂岩,为一套半咸水和咸水条件下的盐湖沉积,分布面积约为 1.05×10^4 km²。受潜北边界大断层的控制,盆地沉降、沉积和盐湖浓缩中心均位于盆地中部的潜江凹陷,并以蚌湖-周矶洼陷生油条件最好(卢明国等,2006)。有机碳含量在潜江凹陷蚌湖向斜带为最高,达 2.0%,其次在拖市-吊堤口一带,达到 1.4%～1.8%。潜江凹陷潜江组有效生油岩平均厚度为 870 m,有效生油区最大面积为 640 km²,有效生油岩体积约为 430 km³。在潜江组沉积时期,为咸水沉积环境,以浅湖和半深水泥质沉积为主,并与盐湖沉积的盐层频繁交互。纵向上暗色泥岩在潜一段—潜四段都有分布。盐间段暗色泥岩主要分布在潜一段、潜二段、潜四段(张广英等,2007)。

　　潜江凹陷潜江组是半封闭、还原-强还原水体中的沉积,无论是韵律中的混合泥页岩还是砂泥岩层段中的泥质岩,几乎为暗色,它们分布广、累计厚度大,最厚达 2 000 m(图 7.1),生油中心在蚌湖深洼区(胡辉,2005)。烃源岩有机质丰度高,有机碳含量普遍大于 0.6%,在蚌湖洼陷、周矶洼陷和王场洼陷等地区有机碳平均含量在 1.2% 以上,有机碳含量的高值区域沉降中心分布一致,氯仿沥青"A"平均为 0.332 7%,烃含量平均为 1 138 mg/L,根据陆相烃源岩的评价标注属于中等-好烃源岩(陈波,2008)。

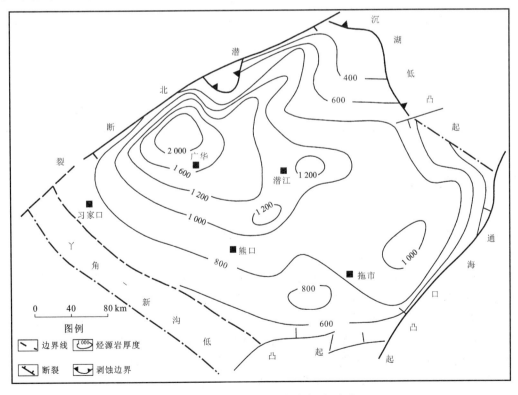

图 7.1　潜江凹陷潜江组烃源岩分布图(陈波,2008)

从潜江组油气生成特点来看,盐湖盆地纵向上碳酸盐岩沉积阶段生油条件较好,横向上咸淡过渡带的生油条件较好。咸水湖泊的浓缩、盐类的沉淀一般都经历着碳酸盐岩、硫酸盐岩和氯化盐沉积阶段,前人认为碳酸盐岩沉积阶段生油条件好,硫酸盐岩沉积次之,而氯化盐沉积阶段相对淡化期较差:①潜江组生油岩主要岩石类型是灰色、深灰色泥岩,以及灰质、白云质泥岩和泥灰岩,其次为灰色含钙质芒硝泥岩、钙质芒硝泥岩(方志雄,2002)。前者为碳酸盐岩阶段的沉积物,后者是硫酸盐岩阶段的沉积物。潜江组生油岩多分布于盐岩层之间,被盐岩层分割,有明显的不连续性。在 II 级韵律中,泥岩段是相对淡化期的沉积物,颜色为灰色、深灰色、灰褐色,含有较丰富的有机质和黄铁矿,无论厚度大小,皆有明显的微小水平层理,反映了当时湖盆水体较深,属闭流还原环境,有利于有机质的保存。其中以碳酸盐岩阶段的深灰色灰质泥岩最好;硫酸盐岩阶段的灰色含盐钙芒硝泥岩和深灰色白云质钙芒硝泥岩次之;而盐岩中的薄夹层灰色钙芒硝泥岩较差。②从宏观上来看,淡化阶段生油阶段由于处于咸化阶段,潜四段下亚段和潜二段时期卤水浓度高,盐岩层厚度分别占该段地层厚度的 40.2% 和 45.3%。潜四段上亚段和潜三段沉积环境相对淡化,盐岩厚度分别占该段地层厚度的 10.5% 和 45.3%。生油条件以相对淡化的潜四段上亚段和潜三段最好,相对咸化的潜四下亚段和潜二段次之。而进入盐湖消亡期的潜一段和基本上完全淡化的荆河镇组,则因埋深浅而生油岩不成熟。

横向上,蚌湖洼陷位于咸淡过渡的有利生、储油相带。该洼陷持续稳定大幅度下沉,湖水较深,水介质咸淡交替有利于有机质聚集、保存并向石油转化的地质和地球化学环境。在淡化期有介形虫、轮藻、鱼类等生物繁殖,湖水浓度咸化时,造成生物的死亡、堆积,而膏盐沉积阶段有利于有机质的保存(刘明等,2010)。

潜江组膏盐发育,据对盐岩的实验结果分析,几乎不存在孔隙及渗透能力(张正军,2009)。在缺少砂岩的地方,在盐下泥岩的顶部往往发育 2~3 m 厚的油侵泥岩。盐下泥岩厚度越大,灰质成分越高,油侵泥岩越发育,这说明盐岩层是良好的隔层与盖层,因此,在盐岩发育区,生油层生成的油气很难透过膏盐层做大规模垂向运移,只能在韵律盐间做横向运移。

7.1.2　储集层条件

潜江凹陷潜江组是在干湿频繁交替的古气候条件下,受北部单向物源的控制以及北低南高的古地形的影响,在盐湖背景下,砂岩自北向南减薄,至凹陷中南部全部尖灭,呈现出"半盆砂"的特殊局面(童小兰等,2006;曹兴等,2013)。潜江凹陷潜江组北部物源区的古构造背景,主要取决于白垩纪时期荆门凹陷、乐乡关隆起、汉水凹陷及永隆河隆起的古构造格架。晚白垩世强烈拉张活动使早期荆门、汉水前缘冲断断层发生了负反转,控制了荆门凹陷、汉水凹陷沉积期及其延展方向,正是这种继承性发育的北西向延展古构造格局,强烈制约了潜江凹陷潜江组北部物源的主控方向。而在荆沙组断陷沉降期强烈活动的北东向潜北断裂,切割了早期北西向的古构造格局,并在乐乡关隆起前缘形成了江汉盆地潜江组的最大汇水中心,潜北断裂带各段活动时间及其强度不一,形成一些转换带,这些构造变换带同时制约了潜江凹陷潜江组北部物源的主要入口。

总体上,在中东西三段 ZTR 指示由北西往南东方向呈增加的趋势,来自荆门凹陷、汉水凹陷方向物源特征明显。荆门凹陷的物源大体上分两支进入潜江凹陷,一支在粮 1 井以西,这支次级物源在凹陷内主要沿北西-南东方向展布,经浩口、高场等地区一直延伸至周矶地区;另一支从粮 5 井以东进入潜江凹陷,在凹陷内主要呈北东向、北西-南东向及北西-南南东向展布。在潜江组各段发育三角洲前缘亚相及淡-半咸水湖的滩坝、砂坝沉积。汉水凹陷物源分为三支进入潜江凹陷。实际上,潭口-代河地区应为同一支水流,受潭口水下隆起(现在称为潭口低凸起)的影响,在潭口北部分叉,一支向潭口方向潭 14 -潭 16 一带呈北东-南西向及南北向延展,一支向代河代 5—代 11 -张 33 井一带呈北西-南东向展布,另一支在张 8 井一带进入潜江凹陷,主要呈近南北向展布,规模较小,延展至张港地区北部张 41 井一带。潜四段沉积时期在潭口低凸起为前缘席状砂或砂坝沉积微相;而潜三段—潜一段沉积时期,潜江凹陷连为一体,由北向南,潭口地区发育完整的三角洲前缘和前三角洲体系。受湖平面升降影响,南北迁移可以形成多期叠置砂体。潜北断裂带中段西部受乐乡关隆起供给物源,物源入口具有继承性且相对稳定。在乐乡关古隆起对应的中段下降盘钟市及钟市西部,潜江组各段发育近岸冲积扇。潜北断层中段东部,断裂活动强烈,受潜北断层的剪切下拉,形成一些古生界垮塌沉积体系夹盐湖盐泥沉积。

7.1.3 盖层条件

潜江组盖层岩性为泥岩、膏盐岩等,主要是河流-冲积平原、三角洲、湖泊等环境下的沉积,其中相对静水的半深湖-深湖相是最有利于形成良好盖层的沉积环境(殷文杰等,2003)。

1. 湖泊环境

在湖泊相尤其是半深水-咸水湖泊相,沉积盖层的分布面积较大,厚度亦较大,含砂量低、泥质含量高,封闭性能就好,常形成良好的盖层,江汉盆地发育于浅湖-咸水湖泊的盖层,突破压力平均为 9.4 MPa,最大可达 14.46 MPa。潜江组浅水膏岩-泥岩相、淡水-半咸水滨浅湖泥岩相,均为有利盖层。在半咸水-咸水湖泊环境下,不同的相带盐、膏含量不同,势必影响盖层质量。前人根据砂泥岩类、碳酸盐岩类及蒸发岩类在平面上的分布和组合情况,划出不同的岩相区,以蚌湖洼陷、周矶洼陷为中心,从外向内依次为砂泥岩区-碳酸盐岩区-硫酸盐和石盐岩区-钾镁盐和钾盐区,呈环状分布,必然造成膏、盐盖层亦呈环状分布特征,即由周缘向凹陷中心盖层的泥质、膏质含量增加,封闭性增强(殷文杰等,2003)。

2. 三角洲环境

三角洲环境形成的盖层面积相对较小,含砂量增高,分布性能变差,孔隙度变化区间为 0.9%~13.95%,平均值为 9.39%,突破压力区间为 4.18~13.29 MPa,盖层参数变化较大,这也是由于三角洲由陆向湖(即三角洲平原向三角洲前缘)过程中泥质、砂质含量的变化决定的。在三角洲前缘泥岩发育区中,也可形成较好的盖层。三角洲形成的良好盖层主要分布在潜江凹陷中部。总之,沉积相带的变化决定了泥岩中的砂质含量,因而也使泥岩的中值半径发生相应的变化,突破压力随之变化,从而影响盖层的质量优劣。同时,沉积环境的变化也控制了咸水-盐湖的沉积,造成膏、盐岩横向分布的差异。总体来说,盆地中心地区的封闭性优于周缘地区,在纵向上,潜江组中以发育盐湖相膏、盐岩层为最优(殷文杰等,2003)。

7.2　典型井分析

7.2.1　钟107井分析

钟107井位于潜江凹陷钟潭断裂带,潜北断层与漳农①断层形成的断块圈闭,该井区位于蚌湖洼陷北缘,为油气长期运移指向区,油源条件良好,荆河镇组沉积时期,在潜北断层前缘发育冲积扇,潜江组沉积发育三角洲前缘亚相,河道砂体发育。主探漳农①号荆河镇组、潜一段、潜二段含油气型,钻后显示全井段未见油气显示,测井解释储层90层,干层35层,厚82.8 m,水层55层,厚531.2 m。单砂层最小1.0 m,最大90.2 m,一般为6.4~48 m。

钟107井处地震揭示为断背斜或断鼻背景,顺着物源其反射外向呈宽缓丘状反射(图7.2),在垂直物源方向表现为倾角较陡的丘状反射,地震振幅变化大、频率变化大、内部结构不规则斜交、蚯蚓状短反射、向前端振幅变小,频率渐高,为岩性粒度横向变化大,波阻抗及反射系数变化大的缘故,为近岸冲积扇沉积(图7.3)。钻测井也揭示荆河镇组下段、潜一段、潜二段为近岸冲积扇扇中,储集层发育。但侧向顺向断层切割构造高点且尚未构成断层封堵,油气散失,保存条件较差。

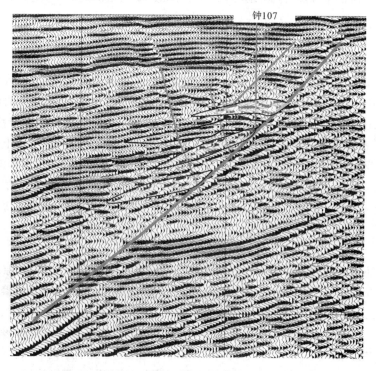

图7.2　过钟107井地震解释剖面局部一(北西向)

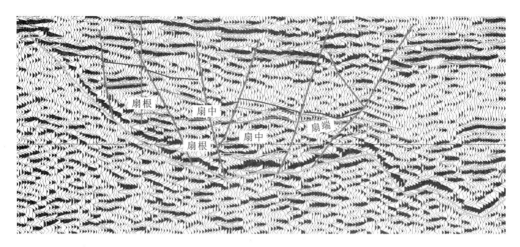

图 7.3　过钟 107 井地震解释剖面局部二（北西向）

7.2.2　钟斜 351 井分析

钟斜 351 井位于潜江凹陷钟潭断裂带钟 35 井北构造-岩性圈闭，该井区位于蚌湖洼陷北缘，为油气长期运移指向方向，油源条件良好，荆河镇组沉积时期，在潜北断层前缘发育冲积扇，潜江组沉积发育三角洲前缘亚相，河道砂体发育。主探潜一段、潜二段储层条件及含油气性。测井解释储层 15 层，其中干层 1 层，其余为水层。

钟 112 井、钟斜 351 井、钟 115 井处地震揭示为同一断鼻构造背景上的两个断阶，地震相揭示顺着物源方向，地震响应特征呈宽缓丘状反射（图 7.4），靠近潜北断裂带为杂乱反射，前端为低频亚平行状反射，在垂直物源方向表现为倾角较陡的丘状反射、地震振幅变化大、频率变化大、内部结构不规则斜交、蚯蚓状短反射、向前端振幅变小，频率渐高，为岩性粒度横向变化大、波阻抗及反射系数变化大的缘故，底部见下切谷充填，为两套近岸冲积扇沉积（图 7.5）。钻测井揭示荆河镇组下段、潜一段、潜二段同属一近岸冲积扇体系。钟斜 351 井位于不对称断垒西侧下降盘，为下部冲积扇根部，顺向断层未完全有效封堵。

7.2.3　钟 112 井分析

钟 112 井位于潜江凹陷潜北断裂带钟滚垱断块，该井区位于蚌湖洼陷北缘，为油气长期运移指向方向，油源条件良好，荆河镇组沉积时期，在潜北断层前缘发育冲积扇，潜江组沉积发育三角洲前缘亚相，河道砂体发育。主探荆河镇组、潜江组和荆沙红墙含油气性及地层特征。岩屑录井显示含油 5.03 m，油浸 16.9 m，油斑 32.37 m，油迹 25.9 m。测井解释荆河镇组 19.2 m/3 层可能是油气层，潜一段 76.0 m/18 层是油层，25 m/2 层是油水同层。

钟斜 351 井、钟 112 井、钟 115 井处地震揭示为同一断鼻构造背景上的两个断阶，地震相揭示顺着物源其反射外向呈宽缓丘状反射（图 7.6），靠近潜北断裂带为杂乱反射，前

钟斜351

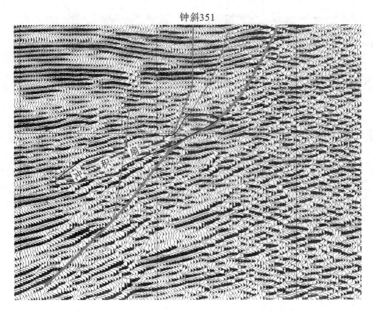

图 7.4　过钟斜 351 井地震解释剖面(北西向)

钟斜351　钟112　　　钟115

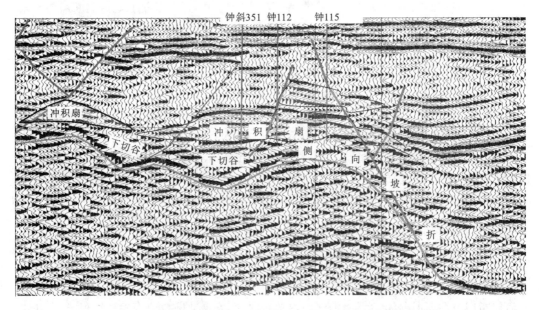

图 7.5　过钟斜 351 井–钟 112 井–钟 115 井地震解释剖面(北东向)

端为低频亚平行状反射,在垂直物源方向(图 7.5)表现为倾角较陡的丘状反射、地震振幅变化大、频率变化大、内部结构不规则斜交、蚯蚓状短反射、向前端振幅变小,频率渐高,为岩性粒度横向变化大,波阻抗及反射系数变化大的缘故,为冲积扇沉积。钻测井揭示荆河镇组下段、潜一段、潜二段同属一近岸冲积扇体系。钟 112 井位于不对称断垒西侧上升

钟112

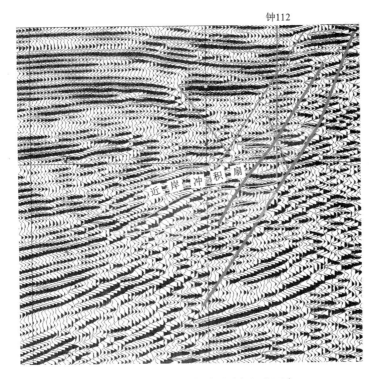

图 7.6　过钟 112 井地震解释剖面(北西向)

盘,钻遇两个叠置冲积扇体,反向断层侧向有效封堵,且钻到构造高点。

7.2.4　钟 115 井分析

钟 115 井位于潜江凹陷潜北断裂带钟市红光岩性圈闭,由岩性与构造配型形成,潜北断层前缘发育多个河道砂体,储集条件较好,位于蚌湖生油洼陷北缘,为油气长期运移有利指向区,具有较好的成藏地质条件。主探红光岩性潜北荆河镇组、潜一段含油气性及砂岩发育情况。岩屑录井在潜一段发现 7 层 9.0 m 油迹砂岩,2 次取心共见 2 层 0.55 m 后油斑砂岩,4 层 2.81 m 油迹砂岩,局部见油斑、油浸砂岩条带。测井解释储层 41 层,油层 4 m/1 层,干层(含油)13.2 m/1 层,其余均为干层和水层。

钟斜 351 井、钟 112 井、钟 115 井处地震揭示为同一断鼻构造背景上的两个断阶,地震相揭示顺着物源其反射外向呈宽缓丘状反射(图 7.7),靠近潜北断裂带为杂乱反射,前端为低频亚平行状反射,在垂直物源方向(图 7.5)表现为倾角较陡的丘状反射,地震振幅变化大、频率变化大、内部结构不规则斜交、蚯蚓状短反射、向前端振幅变小,频率渐高,为岩性粒度横向变化大,波阻抗及反射系数变化大的缘故,为冲积扇沉积。钻测井揭示荆河镇组下段、潜一段、潜二段同属一近岸冲积扇体系。钟 115 井位于不对称断垒东侧上升盘,钻遇两个叠置冲积扇体,反向断层侧向有效封堵,但并未钻遇高点,以干层和水层为主。

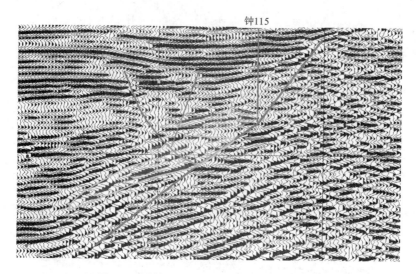

钟115

图 7.7　过钟 115 井地震解释剖面(北东向)

7.2.5　钟 113 井分析

钟 113 井位于潜江凹陷钟潭断裂带钟市渔淌断块,是由潜北断层,以及⑤、⑥、⑩号断层共同夹持形成断块,潜北断层前缘发育多个河道砂体,储集条件较好,位于蚌湖生油洼陷北缘,为油气长期运移有利指向区,具有较好的成藏地质条件。主探渔淌断块荆河镇组、潜一段、潜二段和荆沙红墙含油气性及地层特征。钻井显示在荆河镇组、潜江组无录井油气显示,测井解释储层 29 层,水层 13 层厚 99.6 m,其余为干层。

过钟 113 井地震剖面揭示背斜形态完整(图 7.8),为断鼻构造,上部为弱振幅,偶见连续性好的短反射为大套泥层中间夹杂正常砂岩层系反射,钻井显示荆河镇组、潜一段、潜二段为大套泥岩夹薄砂岩。下部表现为强振幅、低频且稳定、连续性好、平行或低角度

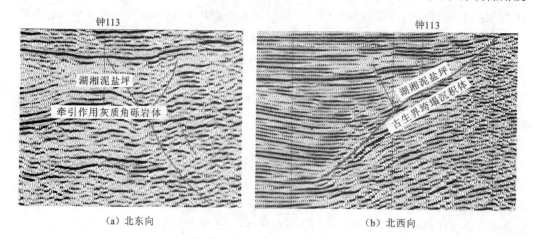

钟113　　　　　　　　　　　　　　　　钟113

湖湘泥盐坪

牵引作用灰质角砾岩体

湖湘泥盐坪

古生界滑塌沉积体

(a) 北东向　　　　　　　　　　　(b) 北西向

图 7.8　过钟 113 井地震解释剖面

斜交反射,外部形态呈席状或低幅丘状。主要表现为上升盘受下降盘牵引下拉整体下滑,层状结构未改变,横向层间波阻抗变化不大,反射系数变化不大的结果。无冲积扇地震反射为滑塌沉积体,缺少物源供给,钻井显示潜一段中下部、潜二段为灰质角砾岩及页岩互层,为古生界基底滑塌体或牵引垮塌层系沉积体间夹盐湖沉积,钟 113 井可能钻遇潜北断层剪切带下盘,由于缺乏物源供给,为一套泥质沉积,上部钻遇泥岩起到了侧向封堵作用,缺少疏导体系,油气难以侧向运移。

7.2.6　钟 114 井分析

钟 114 井位于潜江凹陷钟潭断裂带钟市,是谢家台①、②、③、④号断层共同夹持形成断块,潜北断层前缘发育多个河道砂体,储集条件较好,位于蚌湖生油洼陷北缘,为油气长期运移有利指向区,具有较好的成藏地质条件。主探谢家台断块潜一段、荆河镇组含油气性及其砂岩发育情况。钻井显示在荆河镇组、潜江组无录井油气显示,测井解释储层 29 层,为干层和水层。

过钟 114 井地震剖面揭示背斜形态完整(图 7.9),为断鼻构造,上部为弱振幅,偶见连续性好的短反射为大套泥层中间夹杂正常砂岩层系反射,钻井显示荆河镇组、潜一段、潜二段为大套泥岩夹薄砂岩。中部表现为强振幅、低频且稳定、连续性好、平行或低角度斜交反射,外部形态呈席状或低幅丘状。主要表现为上升盘受下降盘牵引下拉整体下滑,层状结构未改变,横向层间波阻抗变化不大,反射系数变化不大的结果。无冲积扇地震反射,为滑塌沉积体缺少物源供给。钻井显示中上部为灰质角砾岩与页岩互层,中下部为大套的灰色灰岩夹薄层泥岩,为古生界基底滑塌体或牵引垮塌层系沉积体间夹盐湖沉积。底部内部结构不规则斜交、蚯蚓状短反射,振幅变化大,频率变化大,外部形态呈丘形。为近岸冲积扇体。钻井分层潜一段、潜二段储层为干层,潜三段为水层,钟 114 井可能钻遇潜北断层剪切带下盘,由于缺乏物源供给,为一套泥质沉积,上部钻遇泥岩起到了侧向封堵作用,缺少疏导体系,油气难于运移到下部剪切带灰质角砾中。

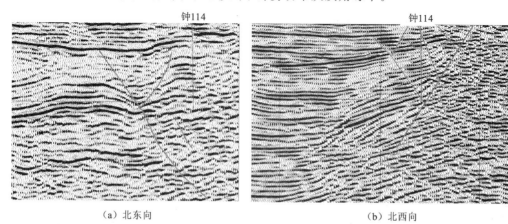

(a) 北东向　　　　　　　　　　　　　(b) 北西向

图 7.9　过钟 114 井地震解释剖面

7.3 成藏控制主控因素及成藏模式

7.3.1 成藏的主要控制因素

1. 正向构造背景是油气运移富集的指向区

构造脊与斜坡坡折带交汇区是油气聚集的场所。实践证明,已知油气聚集区围绕着生油凹陷中心分布,而油气富集往往沿凹陷中心向斜坡上背斜和断鼻的构造脊汇聚,如钟市断鼻、潭口西背斜和断鼻、王场背斜带,油气均分布在其构造脊高点和两翼。

2. 各类盐泥变形构造带和构造脊控制了油气分布

盐泥变形构造对各类圈闭的形成、改造和保存均起到了至关重要的作用。潜北断裂下降盘大部分含油构造都与盐泥塑性变形作用有关,油气主要分布在盐泥核上层和翼部。通过对比潜北断裂带勘探成果与潜四下亚段、渔洋组—荆沙组塑性变形及盐泥构造分布图发现(图3.46、图3.47),盐泥变形区控制了油气分布,盐泥构造脊控制了油气展布方向。油气主要分布在潜四段盐泥构造脊两侧和盐上层,油气分布与渔洋组—荆沙组盐泥构造脊展布具有高度的对应关系,而东北部构造脊为勘探薄弱地区。渔洋组—沙市组与潜四段盐泥变形构造叠置地区为油气富集地区,有些盐泥构造脊(带)未勘探的地区也具有勘探潜力。

3. 断层的疏导与封堵

潜北断裂带对油气起到了疏导和封堵双重作用。顺向深大断层是油气垂向运移的主要通道,与下降盘近缘疏导层构成了有效的疏导系统;而反向次生断层对油气封挡更为有效,使油气聚集成藏。

4. 有利相带控制油气的聚集

潜北断裂带上升盘古构造形态决定了物源充填沉积相类型和分布。东段及潭口地区主要由汉水断陷物源供给,根据潭口地区构造演化与钻井分析,潜四段沉积时期,潭口为古残丘构造高处,受潭口古残丘控制,为填平补齐后期阶段,在潭口低凸起为前缘席状砂或砂坝沉积微相(图7.10);而潜三段—潜一段沉积时期,潜江凹陷连为一体,由北向南,潭口地区发育完整的三角洲前缘和前三角洲体系。受湖平面升降影响,南北迁移可以形成多期叠置砂体(图7.11)。

在中段和西段,荆门断陷主要供给西段物源,乐乡关供给中段西部物源,物源入口具有继承性且相对稳定。乐乡关古隆起对应的中段下降盘钟市及钟市西部,潜江组各段发育近岸冲积扇,由深至浅主要发育在潜三段、潜二段、潜一段,潜江组沉积时期受潜北断裂控制由深至浅湖盆向北扩展,扇体由南向北退积迁移,且扇体规模逐渐增大;中带西部受乐乡关近岸物源供给,潜四段—潜三段由于主断层平缓,钟市地区冲积扇向南运移距离

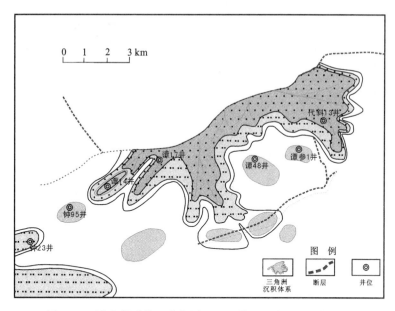

图 7.10　潜北断裂带下降盘潭口地区潜四段砂组沉积相平面

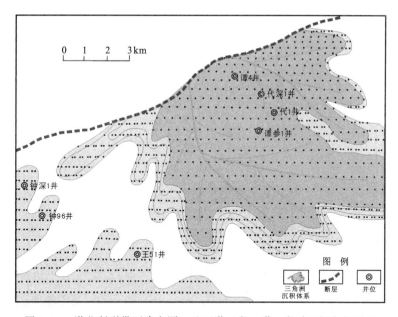

图 7.11　潜北断裂带下降盘潭口地区潜三段—潜一段砂组沉积相平面

远,并形成浊积砂等片泛沉积物(图 7.12)。潜二段—潜一段主断层较陡,物源充填角度陡而运移距离短,横向展布较宽,前端席状砂发育。中段东部断裂陡而缺少物源供给,由于受凹陷沉降中心牵引产生古生界滑塌,形成灰岩角砾堆积体夹泥盐岩沉积(图 7.13)。西段主要受荆门断陷物源控制,沉积相展布为北西-南东向,前缘相可能已延伸至潜江凹陷西部广泛地区。

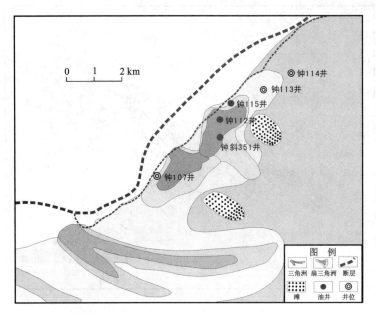

图 7.12　潜北断裂带下降盘中西段潜四段—潜三段沉积相平面图

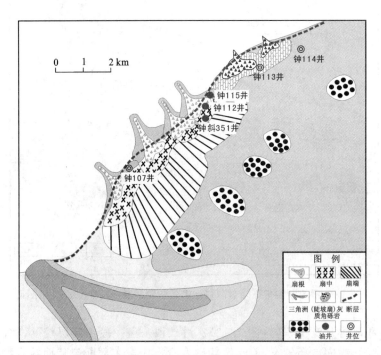

图 7.13　潜北断裂带下降盘中西段潜一段、潜二段沉积相平面图

7.3.2　成藏模式

1. 潭口成藏模式

潭口凸起及两翼地区,主要发育与盐泥变形构造有关的各种类型的油气藏,以及与不整合有关的地层油藏,以及断块、断鼻、岩性及其复合型油气藏类型。潭口凸起被蚌湖凹陷与三合场凹陷环绕,为油气运移指向有利区。目的层处于三角洲前缘,储集体厚而且物性好,分布广。在潭口西翼,浅层发育反向断层遮挡断块和不整合-地层油气藏,中部发育盐泥侧向封堵的地层油气藏,深层为盐泥脊刺穿和盐上层反向断裂侧向封堵,形成盐泥封堵岩性油藏和断块油藏;在盐上部发育背斜背景下的反向断层和盐刺穿遮挡油气藏,深部则可能发育与盐泥封堵的油气藏类型;潭口东翼,主要发育断块及其与盐泥有关的各类油气藏类型,可形成盐泥侧向遮挡的岩性油藏和龟背构造盐上层低覆背斜油藏(图 7.14)。

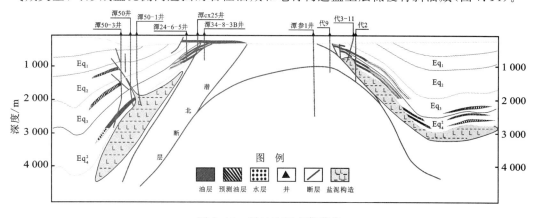

图 7.14　潭口地区成藏模式

2. 钟市地区成藏模式

钟市及钟市西地区主要发育断块、岩性、断块-岩性及其盐泥横向遮挡有关的地层、岩性类油气藏类型。分布在不同断阶、不同层段中。在高、中台阶主要为反向断层遮挡的断块油藏和断块-侧向岩性控制的复合油藏;在钟市西地区,荆沙组、潜四下亚段盐泥沿主断面形成盐泥侵成墙,使低台阶潜三段、潜四段储层产生侧向封挡,形成地层、岩性油气藏。

1) 钟市成藏模式

钟市为断鼻或断背斜构造背景,紧邻蚌湖生油洼陷,为油气汇聚运移指向有利区。顺向断层与北西向基地断层为油气运移主通道,反向断层和泥盐岩侧向封挡油气聚集。近缘冲积扇发育,钟 112 井可见两套近岸冲积扇,储集砂体厚而且物性好。油藏类型以断块油藏、断块与岩性复合油藏为主,深部可能存在泥盐侧向封堵地层油藏(图 7.15)。

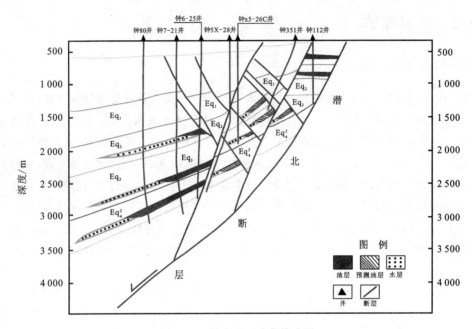

图 7.15　钟市地区成藏模式图

2) 钟市西成藏模式

钟市西侧为钟市断鼻或断背斜构造背景西翼,靠近蚌湖生油洼陷,总体为油气汇聚运移指向区。但是缺少基底断裂,油气垂向运移有限,泥盐岩侧向封挡使油气聚集。油藏类型以泥盐侧向封堵岩性油藏为主,断块和复合类型油气藏次之(图 7.16、图 7.17)。

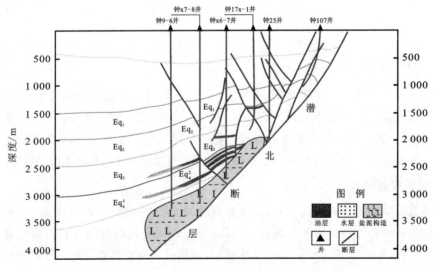

图 7.16　过钟 107 井-钟 9-6 井成藏模式图

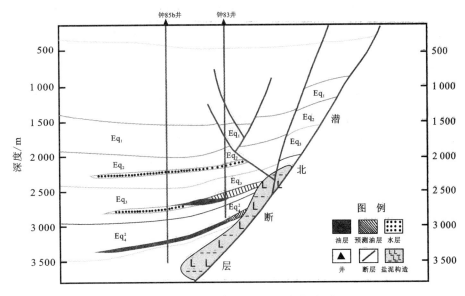

图 7.17　过钟 83 井-钟 85b 井成藏模式图

7.4　含油气有利区评价

7.4.1　评价原则

通过对潜北断裂带结构构造系统性解析,以及对重点典型井解剖发现,潜北断裂带油气的富集受构造背景、油气运移路径、盐泥构造的改造、有利储集相带的控制,因此在进行评价过程中要考虑以上因素,提出了以下评价原则。

1. 构造背景是否为正向构造或者斜坡部位

勘探成功表明,构造脊与斜坡坡折带交汇区是油气聚集的场所。因此,在正向构造或者斜坡坡折处,可能为油气有利聚集区。

2. 是否紧邻生油洼陷及油气运移路径

目前发现的油藏大多数都是围着蚌湖生油洼陷和三合场生油洼陷,油气聚集区围绕着生油凹陷中心分布,油气往往富集于沿凹陷中心向边缘运移的优势路径上。因此,在紧邻生油洼陷及油气运移路径上,可能为油气有利聚集区。

3. 是否处于盐泥构造改造的有利区

潜北断裂带现今勘探发现与潜四段、渔洋组—荆沙组盐泥塑性构造变形分布有着惊人的相关性,油气藏均位于上下两套盐泥构造层的构造脊部。因此,可以对比两者,在那些有盐泥构造脊部发育区,而尚未进行重点研究的地方,可能是油气勘探的突破位置。

4. 是否存在有利的储集相带

潜北地区古构造格局控制着潜江组物源充填沉积相类型和分布,汉水断陷为潭口地区提供物源,潭口地区潜四段时期沉积前缘席状砂或砂坝沉积微相,潜三段—潜一段为完整的三角洲前源和前三角洲沉积,乐乡关供给中段西部物源,钟市西段发育多期近岸冲积扇体,钟市东段受牵引产生古生界滑塌,形成灰岩角砾堆积体夹泥盐岩沉积。西段受荆门断层供给物源,三角洲沉积体系发育,可延伸至盆地内部。有利的储集相带直接影响着油气的分布,因此,位于沉积体系中的有利储集相带中,可能为油气聚集区。

7.4.2　油气有利区

根据以上评价原则对潜北断裂带下降盘进行了勘探评价,划分了三个油气勘探有利区,四个油气勘探潜力区,两个油气勘探远景区。并且根据控油作用和油气地质条件分析,预测10个不同类型的勘探目标(图7.18)。

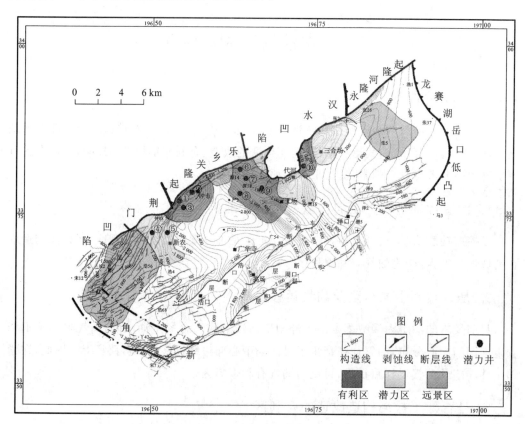

图7.18　潜北断裂下降盘含油气远景评价图

1. 油气勘探有利区

1) 钟市断鼻构造钟 107 井-钟 112 井区

钟 107 井-钟 112 井区位于钟市断鼻构造下,断层将其分隔为高、中、低三级台阶,其南侧紧邻蚌湖生油洼陷,在油气运移优势路径上,目的层潜一段、潜二段、潜三段发育多套近岸冲积扇体,储层较发育,钟 107 井、钟斜 351 井、钟 112 井均有较厚的储层,发育断块-岩性圈闭,钟 107 井钻遇高点,但是顺向断层可能封堵性较差,钟 112 井钻到下套扇体,反向断层侧向封堵性较好。因此,在钟 107 井-钟 112 井之间被反向断层所切割的上升盘高部位为有利的油气勘探区(图 7.19、图 7.20)。

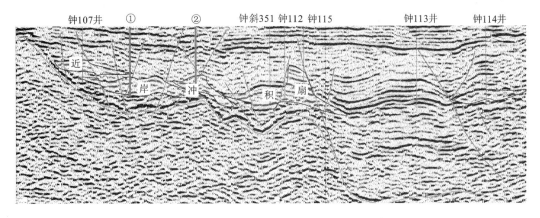

图 7.19　钟 107 井-钟 112 井区油气有利区(北东向)

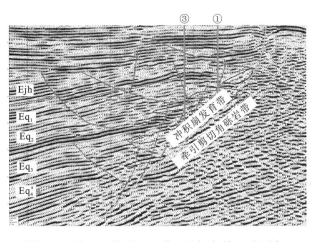

图 7.20　钟 107 井-钟 112 井区油气有利区(北西向)

2) 潭口凸起东西两翼

潭口凸起东西两翼油气丰富,已勘探发现,各种类型构造油气藏及构造-岩性复合油气藏,潭口西翼紧邻蚌湖生油洼陷,东侧紧邻三合场生油洼陷,潜四段沉积时期在潭口凸起发育前缘席状砂或砂坝沉积微相;而潜三段—潜一段时期,潜江凹陷连为一体,由北向南,潭口地区发育完整的三角洲前缘和前三角洲体系,提供了有利的储集条件,东西两翼均处于盐泥构造变形的构造脊部,西翼盐泥侵产生盐泥上背斜,顶部拉张产生共轭状漏斗断层,切割盐泥上背斜,易形成反向断裂或盐泥脊遮挡-岩性复合油气藏。潭口凸起东侧发育断块及盐泥侧向遮挡的岩性油藏(图 7.21)。

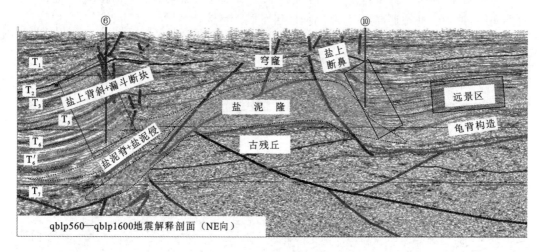

图 7.21　潭口东西两翼油气有利区

2. 油气勘探潜力区

中段西部位于钟市断鼻构造背景西翼,发育内外坡折。北西向的荆门断陷对其有一定的物源供给,沉积相展布为北西-南东向,在地震剖面上的荆河镇组、潜一段、潜三段的内外坡折处可以识别出内部结构不规则斜交、外部形态低幅丘状、振幅变化大、蚯蚓状长反射,而围岩为平行亚平行连续性好的前缘砂坝地震反射特征以及较连续具前积特征,未见明显的顶积层,可见底积层的三角洲前缘相地震反射特征(图 7.22),可能发育低覆背斜和岩性圈闭。

潭口南缘、潭口凸起西侧后缘与潜北断层交界的三角地带及张港地区,均处于盐泥构造变形区,潭口凸起南侧靠近蚌湖生油洼陷,三角地带靠近汉水物源、张港地区紧邻三合场生油洼陷,其周边均发现有油气藏。由于这三个地区均钻井较少,因此本次评价将其归为第二类勘探潜力区。

3. 油气勘探远景区

在潜北断裂带西段地区,断块发育,且受荆门断裂物源供给影响,具有北西-南东向有利的沉积体系,但是该区远离蚌湖生油洼陷。潜北断层中段东部,紧靠生油洼陷,用于潜北断层的剪切作用,将上升盘古生界基底向下拖拽。沉积了古生界滑塌体或牵引垮塌层

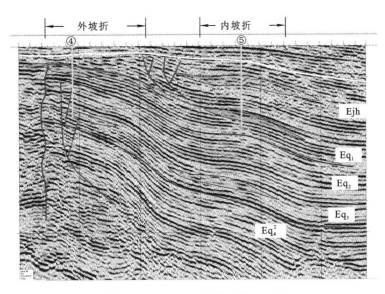

图 7.22　中西段油气勘探潜力地区

系沉积体间夹盐湖沉积,缺乏碎屑物源供给,盐泥层具有侧向封堵作用,造成油气从烃源岩通过断层向侧向储层运移困难,并且位于盐泥塑性变形区。东部斜坡张 5 井地区,位于盐泥塑性变形区的构造脊部,且具有龟背构造盐上层圈闭,但是远离蚌湖、三合场生油洼陷,且勘探程度较低。因此,本次评价将上述三处列为油气勘探远景区。

参 考 文 献

曹兴,夏胜梅,2013.潜江凹陷西部地区岩性岩相展布与油藏分布.长江大学学报,10(20):30-32.

陈波,2008.中国南方白垩系油气地质特征.北京:石油工业出版社.

陈凤玲,2007.潜江盐湖构造演化及沉积充填与油气成藏.石油天然气学报,(2):50-54.

陈诗望,2006.郭局子洼陷平衡剖面及构造定量研究.2006年全国博士生学术论坛,137-144.

陈开远,何胡军,柳保军,2002.潜江凹陷潜江组古盐湖沉积层序的地球化学特征.盐湖研究,10(4):
19-23.

陈发景,汪新文,陈昭年,等,2004.伸展断陷盆地分析.北京:地质出版社.

戴少武,2002.中扬子及邻区层序地层与原型盆地演化.石油与天然气地质,23(3):229-235.

戴世昭,1997.江汉盐湖盆地石油地质.北京:石油工业出版社.

方志雄,2002.潜江盐湖盆地盐间沉积的石油地质特征.沉积学报,20(4):608-613.

费琪,王燮培,1982.初论中国东部含油气盆地的底辟构造.石油与天然气地质,3(2):113-123.

付宜兴,刘云生,李昌鸿,等,2008.中扬子地区地质结构及构造样式研究.潜江:中国石油化工股份有限
公司江汉油田分公司.

戈红星,Jackson M P A,1996.盐构造与油气圈闭及其综合利用.南京大学学报,32(4):640-647.

湖北省地质矿产局,1990.湖北省区域地质志.北京:地质出版社.

胡辉,2005.江汉盆地潜江凹陷岩性油藏形成条件及分布规律研究.地质力学学报,11(1):67-73.

胡炳煊,余芳权,1984.潜江凹陷的岩丘构造及形成条件分析.石油勘探与开发,(6):62-69.

胡望水,薛天庆,1997.底辟构造成因类型.江汉石油学院学报,19(4):1-7.

吉让寿,秦德余,高长林,等,1995.扬子北缘古生代盆地构造变形.石油实验地质,17(2):122-129.

贾霍甫,梅廉夫,施和生,等,2009.断陷盆地博士厚度恢复的构造沉积综合法.石油物探,48(3):
314-318.

贾承造,赵文智,魏国齐,等,2003.盐构造与油气勘探.石油勘探与开发,30(2):17-19.

李传华.2006.中国石化东部探区石油地质特征分析.内蒙古石油化工,32(7):124-126.

李春荣,陈开远,柳保军,等,2004盐湖盆地沉积与油气形成的关系.西部探矿工程,96(5):46-48.

李思田,解习农,王华,等,2010.沉积盆地分析基础与应用.北京:高等教育出版社.

李思田,杨士恭,林畅松,1992.论沉积盆地的等时地层和基本构造单元.沉积学报,10(4):11-20.

李勇,钟建华,温志峰,等,2006.蒸发岩与油气生成、保存的关系.沉积学报,24(4):596-604.

林畅松,潘元林,肖建新,等,2000."构造坡折带"——断陷盆地层序分析和油气预测的重要概念.地球科
学——中国地质大学学报,25(3):260-265.

林畅松,刘景彦,张英志,等,2005.构造活动盆地的层序地层与构造地层分析——以中国中、新生代构造
活动湖盆分析为例.地学前缘,12(4):365-372.

刘池洋,1988.拉伸构造区古地质构造恢复和平衡剖面建立——以渤海湾盆地为例.石油实验地质,10
(1):33-42.

刘和甫,1993.沉积盆地地球动力学分类及构造样式分析.地球科学,18(6):699-724.

刘晓峰,解习农,2001.与盐构造相关的流体流动和油气聚集.地学前缘,8(4):343-347.

刘云生,王延斌,2008.江汉盆地的构造——地质结构样式分析.石油天然气学报,30(1):161-165.

刘明,陈仲宇,朱忠云,等,2010.潜北地区潜四段烃类包裹体与原油地球化学特征.江汉石油职工大学学报,23(5):3-5.

刘晓峰,解习农,张成,等,2005.东营凹陷盐-泥构造的样式和成因机制分析.地学前缘,12(4):403-409.

梁慧社,张建珍,夏一平,等,2002.平衡剖面技术及其在油气勘探中的应用.北京:地震出版社.

卢明国,朱先才,2006.以新理论为指导实现江汉盆地油气勘探的持续发展.中国石油地质年会.

卢明国,童小兰,王必金,2004.江汉盆地江陵凹陷油气成藏期分析.石油实验地质,26(1):28-30.

马新华,华爱刚,李景明,等,2000.含盐油气盆地.北京:石油工业出版社.

彭文绪,王应斌,吴奎,等,2008.盐构造的识别、分类及油气的关系.石油地球物理勘探,43(6):689-698.

任纪舜,王作勋,陈炳蔚,等,1997.新一代中国大地构造图.中国区域地质,16(3):225-230.

佘晓宇,龚晓星,吕鹏,等,2013.江陵凹陷八岭山-花园多层系盐和盐泥构造及其形成机制.现代地质,27(4):765-773.

童小兰,卢明国,2006.潜江盐湖盆地生储盖组合特征.沉积与特提斯地质,26(1):92-96.

王典敷,汪仕忠,1998.盐湖油气地质.北京:石油工业出版社.

王必金,林畅松,陈莹,等,2006.江汉盆地幕式构造运动及其演化特征.石油地球物理勘探,41(2):226-230.

徐政语,林舸,刘池阳,等,2004.从江汉叠合盆地构造形变特征看华南与华北陆块的拼贴过程.地质科学,39(2):284-295.

颜丹平,田崇鲁,孟令波,等,1997.伸展构造盆地的平衡剖面及其构造意义——以松辽盆地南部为例.地球科学,28(3):275-279.

解习农,程守田,陆永潮,1996.陆相盆地幕式构造旋回与层序构成.地球科学,21(1):23-27.

徐伟,王宇,李航空,2015.盐构造成因演化机制及其对研究钾盐矿床成因的意义.中国矿山工程,44(2):48-51.

殷文洁,李慧,2003.江汉盆地白垩—下第三系储层盖层有利相带研究.江汉石油职工大学学报,2003,25(1):14-16.

张正军.2009.江汉盆地潜江凹陷东南部油气成藏条件与主控因素研究.石油天然气学报,31(4):200-203.

张广英,陈凤玲,2007.潭口地区潜江组地层对比与油气勘探有利地带.江汉石油职工大学学报,20(2):35-38.

张明山,陈发景,1998.平衡剖面技术应用的条件及实例分析.石油地球物理勘探,33(4):532-552.

周雁,胡纯心,1999.江汉盆地地区早燕山期构造特征研究.地球学报,20(增刊):92-96.

周玉琦,周荔青,郭念发.2004.中国东部新生代盆地油气地质.北京:石油工业出版社.

周祖翼,Reiners P W,许长海,等,2002.大别山造山带白奎纪热窿伸展作用——锆石(U-Th)/He年代学证据.自然科学进展,12(7):763-766.

Bally A W,Gordy P L,Stewart G A,1966. Structure seismic data and Orogenic evolution of Southern Canadian Rocky Moutiains. Bulletin of Canadian Petroleum Geology,14:337-381.

Chen S P,Jin Z J,Tang L J,et al,2004. Thrust and fold tectonics and the role of evaporite in deformation in thewestern Kuqa foreland of TarimBasin,nort hwest China. Marine and Petroleum Geology,21(8):

1027-1042.

Dahlstrom C D A,1969. The upper detachment in Concentric folding. Bulletin of Canadian Petroleum Geologist,17: 326-346.

Gibbs A D,1983. Balanced cross section construction from seimic sections in area of extensional tectonics. Journal of Structural Geology,5(2):153-160.

Hossack J R, 1979. The use of balanced cross-sections in the calculation of orogenic contraction: A review. Journal of the Geologocal Society of London,136:705-711.

Jia C Z, Chi Y L, 2004. Resource potential and exploration techniques of stratigra phic and subtel reservoirs in China . PetroleumSeienee,(2):1-12.

Jia C Z,Jin Z J,Tang L J,et al,2004. Salt tectonic evolution and hyd-rocarbon accumulation of Kuqa foreland fold belt,Tarin Basin,NW China. Journal of Petroleum Science and Engineering,41(123): 97-108.

Jackson M P A,Talbot C J,1986. External shapes,strainrates,and dynamics of salt structures. GSA Bulletin,97(3):305-323.

Suppe J. 1983. Geometry and kinematics of fault-bend folding. American Journal of Science,5(2): 101-136.